前言

顺应国民经济增长方式的转变
把握建筑业发展的新机遇

建筑业是国民经济的支柱产业,其发展对于能源矿产资源和重化工以及轻纺行业有着较高的关联度,其投资对于上下游行业以及对于消费有较强的乘数效应,在形成增加值和积极促进就业等方面起到积极带动作用。而同时,建筑业在物资消耗、污染增加和生态破坏的过程中处于关联枢纽地位。

全球性金融、经济危机,作为特殊的清理机制,促使全球经济的力量均衡态势发生转变,中国乃至整个亚洲,都需要转变成为以扩大国内需求、顺应外部需求和加大创新为导向的更趋平衡的经济体。

顺应这一宏观趋势,建筑业更应率先实现增长方式的转变,改善行业生存环境,提高行业竞争能力,应付可能出现的各种不确定因素的冲击和影响。在国民经济中,构筑行业发展环境的优势地位,引领上下游产业链向可持续发展方向转变,走循环经济和绿色经济道路;从一个消耗型行业转变为资源节约型行业,从一个严重需要帮助消除污染的行业,转变为一个资源生态环境关系友好的模范行业;从被帮助的行业转变为帮助诸多行业减少资源消耗、环境关系友好的龙头行业。那么当前行业面临的形势和任务是什么?请参阅"宏观经济与建筑业发展的绿色思考";"对我国上市建筑企业发展的分析与思考"一文重点剖析我国龙头建筑企业所面临的新挑战与机遇、企业的内部自身瓶颈和外部市场环境。

建筑业一向被视为技术含量不高、进入门槛不高的行业,那么"浅析中国大中型建筑施工企业的技术创新"、"论国有特大型建筑施工企业技术体系建设及其有用性构成"两篇文章将有助您对我国建筑企业的技术管理、技术创新现状有一个概括性的了解。

2009年9月5日,美国麦格劳·希尔建筑信息公司(McGraw-Hill)在其官方网站发布了2009年度Engineering News-Record(以下简称"ENR")全球最大225家国际承包商排名,我国内地共有50家企业榜上有名。"海外巡览"栏目有简要报道。并将继续请权威人士对中国建筑企业在国际建筑市场上的表现及国际建筑市场进行进一步的翔实解析。继《建造师》14对巴西建筑业做了全面介绍后,《建造师》15又推出了美国、德国、韩国建筑市场及政府对建筑业的政策介绍,必将对各层次读者有所裨益。

1980年4月2日,邓小平高瞻远瞩地指出:从多数资本主义国家看,建筑业是国民经济的三大支柱产业之一,这不是没有道理的。建筑业是可以赚钱的,是可以为国家增加收入、增加积累的一个重要产业部门,所以在长期规划中,必须把建筑业放在重要的地位。建筑业发展起来,就可以解决大量人口就业问题,就可以多盖房,更好地满足城乡人民的需要……邓小平同志的这一精辟论述为建筑业的改革与发展指明了方向。2010年,这一论述提出30年了,建筑业发生了天翻地覆的变化,亲爱的读者,您身边有哪些变化,欢迎您投稿,与广大业内人士分享您的心得。

图书在版编目(CIP)数据

建造师 15/《建造师》编委会编. —北京：
中国建筑工业出版社，2009
ISBN 978-7-112-11275-3

Ⅰ.建... Ⅱ.建... Ⅲ.建造师—资格考核—自学参考资料 Ⅳ.TU

中国版本图书馆 CIP 数据核字(2009)第167084号

主　编：李春敏
编　辑：杨　杰
特邀编辑：杨智慧　魏智成　白　俊

《建造师》编辑部
地址：北京百万庄中国建筑工业出版社
邮编：100037
电话：(010)68339774
传真：(010)68339774
E-mail：jzs_bjb@126.com
　　　　68339774@163.com

建造师 15
《建造师》编委会　编
*
中国建筑工业出版社出版、发行(北京西郊百万庄)
各地新华书店、建筑书店经销
北京朗曼新彩图文设计有限公司排版
世界知识印刷厂印刷
*
开本：787×1092 毫米　1/16　印张：7 1/2　字数：250 千字
2009 年 10 月第一版　2009 年 10 月第一次印刷
定价：**15.00** 元

ISBN 978-7-112-11275-3
(18537)

版权所有　翻印必究
如有印装质量问题，可寄本社退换
(邮政编码 100037)

特别关注

1　宏观经济与建筑业发展的绿色思考　　　袁　飚　韩　孟
4　借鉴与实践：我国绿色建筑发展的对策　　　张晨强
8　对我国上市建筑企业发展的我分析思考　姚战琪　张丽丽

案例分析

12　国际工程承包项目中的风险规避及案例分析　　　荣　宬
16　绿色机场的建设——航站楼节能　　　仵　娜　高金华
21　国际工程劳务合同模板案例　　　杨俊杰
27　广西埃赫曼 EMD 项目中硫酸池槽防腐蚀设计　　　穆剑英

企业管理

30　浅析中国大中型建筑施工企业的技术创新　　　杨　莹
33　论国有特大型建筑施工企业技术体系建设及其有用性构成
　　　　　　　　　　　　　　　　　　　　　　　　邓明胜
45　建筑业农民工管理的思考　　　马国荣

项目管理

51　浅谈规范标准在机电工程项目管理中的应用　　　唐江华
54　工程项目沟通管理中的会议沟通　　　顾慰慈
57　关于实施"法人管项目"及有关问题的再思考　　　李汉法

成本管理

62　加强现金流管理　提升企业管控水平　　　向　翃
66　关于建筑施工企业项目成本管理的思考　　　李治平
70　浅谈市场环境下的工程结算　　　康继志
73　施工企业安全文化与安全管理　　　李富党

合同管理

76　浅论固定总价合同风险防范　　　蒋观宇
79　关于施工合同专用条款设置的建议　　　胡海博

工程法律

81 《合同法司法解释(二)》对订立施工合同的新要求 …… 曹文衔

标准图集应用

89 现浇钢筋混凝土结构施工常见问题解答(六) …… 陈雪光

海外巡览

93 2009年度ENR225强评选结果出炉：
我国内地50家企业入选ENR全球最大225家国际承包商 …… 李枚
95 国际工程承包中的问题与对策 …… 徐枫
99 拓展金融危机下的美国建筑市场 …… 周密
102 德国政府海外承包工程政策评析 …… 李明哲
106 韩国政府对外工程承包指导政策评析 …… 燕琼孜

建造师论坛

110 项目计划管理快速入门及项目管理软件MS Project
实战运用(五) …… 马睿炫
114 我所经历的改革 …… 仲吉祥

建造师风采

115 非洲建筑工地上的故事(六)
——工头"巴比" …… 大凉

信息博览

15 南宁：施工企业须为一线建筑工人买意外伤害险 …… 翟一
44 第五届环境与发展中国(国际)论坛在京开幕 …… 王佐
92 全国工程建设领域突出问题专项治理工作电视电话会议召开
101 中美签署世界最大太阳能发电项目 …… 晓边
105 我国加快工程建设项目信息公开诚信体系建设 …… 翟一

本社书籍可通过以下联系方法购买：
本社地址：北京西郊百万庄
邮政编码：100037
发行部电话：(010)58934816
传真：(010)68344279
邮购咨询电话：
(010)88369855 或 88369877

《建造师》顾问委员会及编委会

顾问委员会主任： 黄 卫　姚 兵

顾问委员会副主任： 赵 晨　王素卿　王早生　叶可明

顾问委员会委员（按姓氏笔画排序）：

刁永海	王松波	王燕鸣	韦忠信
乌力吉图	冯可梁	刘贺明	刘晓初
刘梅生	刘景元	孙宗诚	杨陆海
杨利华	李友才	吴昌平	忻国梁
沈美丽	张 奕	张之强	张鲁风
张金鳌	陈英松	陈建平	赵 敏
柴 千	骆 涛	逄宗展	高学斌
郭爱华	常 健	焦凤山	蔡耀恺

编委会主任： 丁士昭　缪长江

编委会副主任： 沈元勤

编委会委员（按姓氏笔画排序）：

王秀娟	王要武	王晓峥	王海滨
王雪青	王清训	石中柱	任 宏
刘伊生	孙继德	杨 青	杨卫东
李世蓉	李慧民	何孝贵	何佰洲
陆建忠	金维兴	周 钢	贺 铭
贺永年	顾慰慈	高金华	唐 涛
唐江华	焦永达	楼永良	詹书林

海外编委：

Roger. Liska（美国）

Michael Brown（英国）

Zillante（澳大利亚）

宏观经济与建筑业发展的绿色思考

袁飓[1], 韩孟[2]

(1.董辅礽经济科学发展基金会，北京 100836; 2.中国社会科学院经济研究所，北京 100836)

全球性金融、经济危机，作为特殊的清理机制，促使全球经济的力量均衡态势发生转变，拥有自然资源、技术资源、实体经济实力与金融影响力、有适应能力和变革能力的国家和地区将成为进一步变革的核心部分。中国乃至整个亚洲，都需要转变成为以扩大国内需求、顺应外部需求和加大创新为导向的更趋平衡的经济体。

当前经济已经触底，我们要把注意力放在如何创新、转变增长方式和转向可持续发展方面去。本文讨论建筑业的形势和任务。

一、抓住转变经济发展方式的有利时机

2008年，全国建筑业企业完成建筑业总产值 61 144亿元，同比增长19.8%；建筑行业实现利润总额1 756亿元，同比增长12.5%；行业保持了平稳、较快的增长。过去数年，建筑行业景气指数及行业企业家信心指数保持上升趋势，到2008年建筑业总产值和利润总额增速同比都出现下滑，特别是建筑业行业景气指数从2008年第二季度出现下滑，主要是房屋建筑部分受房屋新开工面积增速下滑影响。分季度来看，四季度的跌幅缩小，显示四季度在国家大规模开展基础建设后行业景气开始回升。

从近期增长态势上看，2009年，1~5月，基于保增长、扩内需、调整生产、消费和进出口，建筑业及房地产运行基本稳定。

数据显示，全国1~5月城镇固定资产投资同比增长32.9%，高于市场预期且增速继续攀升。今年以来，房地产开发完成投资增长势头良好，国内房地产成交量一路上升，房地产投资出现复苏苗头。

6月10日，国家统计局公布的1~5月全国房地产市场运行情况中，房地产开发完成情况为：

1~5月，全国完成房地产开发投资10 165亿元，同比增长6.8%，增幅比1~4月提高1.9个百分点，比去年同期回落25.1个百分点。其中，商品住宅完成投资7 105亿元，同比增长4.4%，比1~4月提高1.0个百分点，比去年同期回落30.6个百分点，占房地产开发投资的比重为69.9%。

1~5月，全国房地产开发企业房屋施工面积21.85亿m²，同比增长11.7%，增幅比1~4月回落0.7个百分点；房屋新开工面积3.57亿m²，同比下降16.2%，降幅比1~4月扩大0.6个百分点；房屋竣工面积1.62亿m²，同比增长22.6%，增幅比1~4月回落4.5个百分点。其中，住宅竣工面积1.33亿m²，增长23.6%，比1~4月回落4.9个百分点。

1~5月，全国房地产开发企业完成土地购置面积9 875万m²，同比下降28.6%；完成土地开发面积8 845万m²，同比下降13.3%。

就宏观经济而言，以2009年以来GDP、工业生产增长情况，和钢材生产量、发电量等实物指标为依据，判断当前国民经济，可以认为我国经济已经见底，最困难的时候已经过去，下阶段经济可望企稳向好。

从GDP运行走势看，2008年上半年GDP增长10.4%，三季度增长9%，四季度增速下滑到6.8%，今

特别关注

年一季度进一步下滑到6.1%。根据4、5两个月主要经济指标的表现及走势分析,二季度GDP预计可能接近8%,呈现出较为明显的止跌回升之势。GDP季度同比情况表明,此轮经济的底部应该在去年四季度和今年一季度。

由于农业、服务业相对比较稳定,加之GDP核算仅有季度数据,因此,衡量经济周期变化在我国更要看工业生产及相关重要产品的变动情况。

从工业生产走势看,规模以上工业增加值2008年6月份增长16%。此后逐月明显下滑,11月、12月分别仅增长5.4%和5.7%,2009年1~2月进一步减缓为3.8%。从3月份开始,呈现出较为明显的波动回升态势:3、4、5月份分别增长8.3%、7.3%和8.9%,5月份增速基本恢复到2008年10月份水平。

从主要工业产品看,全国钢材日产量去年10月为全年最低水平,日均水平为138.5万t,11月份为141万t,从12月份开始呈现波动上升的势头。今年5月份达到184.8万t,为去年以来最高水平。

全国日平均发电量从去年7月份的103.1亿kW·h高点直线回落到当年10月份的85.3亿kW·h,今年1~2月份进一步下降为82.8亿kW·h。从今年3月份以后,开始有所回升,3、4、5三个月都超过90亿kW·h,6月上旬已接近100亿kW·h。

这些工业运行走势均表明,在中央一揽子政策措施的综合作用下,全国各地区、各行业同心协力、扎实工作、共克时艰,我国整体经济越过谷底,有利条件和积极因素增多,总体形势趋稳向好。

尽管今年以来我国经济增长有所加快,但与历史数据相比较,与增加就业的要求相比,与改善人民生活的要求相比,当前经济增速仍处于较低水平。需求不足依然是当前经济运行中的主要矛盾,主要表现在三个方面:

从三大需求变动情况看,尽管内需在持续加快增长,但仍难以完全弥补减弱的外需。社会消费品零售总额1~5月份增长15%,剔除价格因素,实际增长16.4%,比上年同期加快3.7个百分点。其中,汽车销售增长高达15.6%,家具类增长27.0%。2008年四季度出口增速由三季度的22.9%大幅回落至4.3%,今年一季度同比下降19.7%,4~5月下降24.6%。

从供需衔接情况看,当前经济增速低于正常水平,不少行业生产能力利用率偏低,表明生产能力闲置明显。部分行业能力过剩外,需求不足客观存在。

从价格水平变动情况看,CPI与PPI,总体上同比继续下降,需求相对供给而言仍显不足。今年2月份,居民消费价格出现自2003年1月以来的首次下降,目前已连续4个月同比下降。尽管近几个月工业品出厂价格环比略有上涨,但同比价格自上年12月以来连续6个月下降,降幅呈扩大趋势。这表明,需求不足仍是我国当前经济运行中存在的主要矛盾。

尽管目前经济运行中的积极变化在不断增多,企稳向好的迹象更加明显,但世界经济仍处在深度衰退之中,国内一些长期积累的矛盾进一步显现,我国经济持续平稳回升还存在不少障碍。下阶段仍要继续坚持积极的财政政策和适度宽松的货币政策,保持宏观调控政策的连续性、稳定性。同时关注通货膨胀预期。

因此,下阶段要继续全面、认真贯彻落实好中央已出台的各项方针政策,努力巩固国民经济回升的基础,防止出现反复;要坚定不移地继续实施积极的财政政策和适度宽松的货币政策,进一步扩大内需,稳定外需;要密切跟踪监测国内外经济运行中出现的新情况和新变化,科学预判国民经济的走势,做好短期和中长期经济平稳较快发展的应对预案;要抓住机遇,加快推进结构调整和产业升级,鼓励和支持企业的技术改造和科技创新,继续深化经济体制改革,努力转变经济发展方式,力争实现国民经济平稳回升和可持续发展。

二、建筑业应该率先实现转变

建筑业是国民经济的支柱产业,其发展对于能源、矿产资源和重化工以及轻纺行业有着较高的关联度,其投资对于上下游行业以及对于消费有较强的乘数效应,而且,在形成增加值和积极促进就业等方面起到积极带动作用。

同时,建筑业在物资消耗、污染增加和生态破坏的过程中处于关联枢纽地位。其数十年持续运行,在负面意义上,表现为累积建筑规模、扩张城市规模、弱化城市规划、挑战城市生态、粗放城市环境、使城市趋于和呈现为"资源与废弃物高速对流"态势。不仅行业本身存在资源浪费、污染增加和生态破坏的问题，而且，也是相关行业这方面问题的汇集处：

第一，建筑用地逐年增加，导致城市周围耕地逐年减少，直接影响粮食生产和粮食安全问题，节约和合理开发利用土地资源迫在眉睫。

第二，建筑业资源消耗占比较高，而且占比居高不下。如20世纪90年代中期的1995年，我国房地产及建筑业消耗的钢材、水泥、木材和玻璃就分别占全国总消耗量的14%、47%、20%、40%。

第三，占地和资源消耗还挤占和蚕食绿化用地、生态用地，形成弊端与危害。

第四，建筑业使用的建筑材料也存在大量的消耗因素与污染因素。

第五，建筑业服务过程，全程汇集各类物质资源并集散各类废弃物与污染物质。

这些现象的存在，使建筑业成为了一个"焦点"行业，每当人们说到防治污染、节约资源和保护环境的时候，都会把注意力集中在建筑业上。建筑业服务方式转型成为现实需求。

与其他行业相比较，建筑业更应当率先实现增长方式的转变，改善行业生存环境，提高行业竞争能力，应付可能出现的各种不确定因素的冲击和影响。在国民经济中，构筑行业发展环境的优势地位，引领上下游产业链向可持续发展方向转变，走循环经济和绿色经济道路；从一个消耗型行业转变为资源节约型行业，从一个严重需要帮助消除污染的行业，转变为一个资源生态环境关系友好的模范行业；从被帮助的行业转变为帮助诸多行业减少资源消耗、环境关系友好的的龙头行业。

三、应该成为"总抓手"的有机组成部分

（一）在国家战略与城市规划层面，应对土地资源、生态环境等禀赋约束，变被动为主动，利用建筑业的"汇集"功能，将所得信息及时提示和反馈到有关部门，以利于他们作出正确选择和决策。比如说，建筑业在国内的施工面积的分布及其历史变化，可以作为城市发展布局的一个重要参考依据。再比如，施工现场不断从城市的中心区扩展到外围地区，其

至郊区和农村，耕地占用情况非常直观，有关数据通过建筑业这个补充渠道，成为决策的必要参考。又比如，施工过程对生态的影响非常具体，容易形成经验数量依据，有利于生态战略规划水平的提高。

（二）在经济运行层面，建筑业作为污染的第一受害者，对其危害感受最深、时间最早。同时，作为"汇集"中心和平台，可以将各个行业、各个地区、各个企业的先进经验和有益做法交流、传播、推广，也可以将各个方面改进过程中遇到的困难以及经济社会绿色需求信息进行交流和讨论。

（三）在行业内部的规划与管理层面，在绿色规制与绿色行业规范诸方面，除了已有的经验和做法外，重点加强对有关行业的交流与合作，充分利用行业交叉的人力资源、信息资源和技术资源，形成合力，加速增长方式的转变。

（四）在技术层面，将创新探索落在实处。

经济的恢复，建筑业的潜在经济增速将是实际经济实力的反映。生产率的提高是影响经济潜在增速最主要的因素，技术革新将促进生产率提高。在技术创新基础上，预计建筑业将会有更为突出的成长业绩。

通过创新努力，建筑业将从可持续发展的"弱势"行业，转变成经济发展"总抓手"的有机组成部分，成为国民经济增长方式转变的积极推动力量，迎接行业的良好发展。

参考文献

[1] 国家发改委、国家统计局.2009年1-4月全国房地产市场运行情况月度形势报告,2009-06-12.

[2] 国家统计局月度形势报告.2008年全国房地产市场运行情况.中国信息报,2009-01-22日[2009-01-22].

[3] 中国统计摘要2009.北京:中国统计出版社,2009.

[4] 中国统计摘要2008.北京:中国统计出版社,2008.

[5] 中国统计年鉴2008.北京:中国统计出版社,2008.

[6] 新华网信息.

[7] 中国信息报网站信息.

[8] 住房和城乡建设部网站信息.

[9] 国土资源部网站信息.

特别关注

借鉴与实践：我国绿色建筑发展的对策

张晨强

(太原社会科学院，太原 030002)

1 引言

众所周知，可持续发展观的提出，是人类社会发展理论的重大变革。在世界环境和发展委员会(WECD)于1987年发表的《我们共同的未来》的报告中，将可持续发展的定义为："既满足当代人的需求，又不危及后代人满足其需求的发展"，这个定义鲜明地表达了两个基本观点：一是人类要发展，二是人类的发展要有限度，即生活在地球上的每一个人、每一个组织都有责任维护人类生存的环境，不能危及后代人的发展。

将可持续发展的理念应用于建筑领域，建筑就会被赋予"生态的"、"环境友好的"、"绿色的"含义，被形象地称为绿色建筑。绿色建筑能在不损害或很少损害基本生态环境的前提下，使建筑空间环境得以长时期满足人类健康地从事社会和经济活动的需要。对绿色建筑不同的人有不同的理解和不同的标准，我国出台的《绿色建筑评价标准》将绿色建筑定义为在建筑的全寿命周期内，最大限度地节约资源(节能、节地、节水、节材)、保护环境和减少污染，为人们提供健康、适用和高效的使用空间，与自然和谐共生的建筑。尽管有不同的理解，但将绿色建筑作为对过度消耗自然资源、过度破坏人类生存环境的传统建筑的替代，则是大家的共识。

绿色建筑是上世纪六十年代西方绿色运动和绿色文化发展的产物。绿色建筑概念的提出，绿色建筑的实践，西方发达国家都走在了前列。我国作为发展中国家，每年新建建筑在20亿m²以上，建筑保有量在431亿m²以上，且95%以上是高能耗建筑。建筑总能耗(包括建材生产和建筑能耗)约占全国能耗总量的30%，①建筑已成为最主要的环境污染源之一。尽管国家出台了《绿色建筑评价标准》等一系列发展绿色建筑的政策和标准，绿色建筑在实际发展中仍举步维艰。借鉴发达国家经验，结合我国建筑发展实际，大力推动绿色建筑发展是我国建筑业发展的必然选择。

2 发达国家发展绿色建筑的有益经验

2.1 理论先行

20世纪中叶，由于全球资源环境危机导致绿色运动蓬勃兴起，人们开始重新审视人与自然的关系，审视人与建筑的关系，进而提出许多新理念，绿色的(可持续发展的)思想开始萌生发展，逐渐被越来越多的人接受。随着绿色理念的不断发展完善，人们在建筑设计、建造、使用、重置等过程中融入更多的绿色内涵。

20世纪60年代初，美籍建筑师保罗·索勒瑞将生态学(ecology)与建筑学(architecture)合为"arology"生态建筑，提出生态建筑(绿色建筑)的新理念。1969年美国学者麦克哈格论证了人对自然的依存关系，强调土地利用规划应遵从自然固有的价值和自然过程，即土地的适宜性，提出了(建筑)适应自然的原则。1989年英国建筑师戴维·皮尔森提出建筑中要减少不可再生资源的消耗，充分利用自然的、无污染的可再生能源、建材和产品，尽可能不污染或少污染空气、水、土壤，吸收公众参与建筑设计，要用自然的方

---

①张震，我国绿色建筑的现状与对策，中国科技信息，2008年第16期。

法创造室内适宜气候等。1991年,布兰达·威尔和罗伯特·威尔在《绿色建筑学:为可持续发展的未来而设计》一书中提出绿色建筑设计的六原则:节约能源原则,设计结合气候原则,能源材料的循环利用原则,尊重用户原则,尊重基地环境原则,整体设计观原则。

1992年在巴西里约热内卢的世界环发大会发表了《汉诺威原则》,其主要内容是[②]:

坚持人类和自然在健康、多益、多元和可持续的状态下共处的原则;

相互依存的原则;

尊重精神与物质之间关系的原则;

勇于承担设计责任的原则;

创造有长远价值的安全物品的原则;

摒弃废物概念的原则;

消耗自然能源的原则;

了解设计局限性的原则;

通过知识共享追求恒久发展的原则。

还有众多学者分别从不同角度对绿色建筑理论进行论述。迄今为止,西方发达国家已经形成了比较完善绿色建筑理论体系,并随着人们对绿色建筑理念的认识深入不断完善。绿色建筑的实践也从最初的注重建筑节能、到减少不可再生依赖、再到完全依赖可再生的自然资源的转变;从建筑的局部绿色环保到建筑的系统绿色环保的转变;从建筑建造过程的绿色环保到建筑的设计、建造、使用、重复利用和重置等全过程的绿色环保。

2.2 科技支撑

绿色建筑的理念源于实践,源于经济社会发展和建筑发展的实践。理念的东西要变成现实,必须依靠科技支撑。科技的发展特别是新材料、新能源、新的设计方案的发展为绿色建筑的发展提供了保障,同样,绿色建筑的发展也为科技的发展指明了方向。

西方国家在与绿色建筑有关的科技研究和革新方面进行了大量投入。比如,英国近几十年来,在太阳能光电系统、低碳排量建筑、自然通风、燃料电池、日光照明技术、地源热泵技术、玻璃技术、热电联产、计算机模拟与设计等研究方面取得了显著成绩。美国、德国、加拿大等国在绿色建筑技术研发方面也都加大了投入。英国的建筑大师都致力于绿色建筑的设计,英国德蒙特福特大学工程技术馆、BedZED零能耗生态村等都是英国建筑大师设计的独具特色的绿色建筑。

很多高校和研究机构致力于绿色建筑技术的研究和创新。英国剑桥大学的马丁建筑研究中心、谢菲尔德大学建筑系、伦敦大学巴特利特建筑环境学院、赫瑞·瓦特大学的建筑环境学院等都开展绿色建筑规划、设计、建造等方面的研究和教育。诺丁汉大学朱比丽分校就是一座可持续发展建筑的范例,它是利用一个废旧的工业用地,按照绿色理念建成的绿色校园,2001年,这一项目获得了英国皇家建筑师协会杂志年度可持续性奖。

2.3 政策引导

西方发达国家往往采用经济和政策的手段对绿色建筑进行扶持。英国政府制订了一系列政策法规促进节约资源、有益环境的绿色材料和绿色技术的应用。比如制订"洁净天空和太阳能"计划,2006年更名为"低碳建筑"计划,对安装太阳能蓄热、小型风力发电、地热和生物能源等装置的项目给予一次性的财政补贴。该计划的预算每年达600万英镑。

德国也推出了一系列政策措施鼓励绿色建筑的发展。对一些具有环保性能的建筑项目给予减免费用、简化手续的优惠。加拿大制订了商业建筑激励计划,如果建筑中有25%以上的设施满足建筑能源法的要求,政府将提供由此节约能源费用的两倍给予奖励,对于建筑中使用可再生能源技术和高效能技术,也依据相关规定予以奖励或提供减税优惠。

近年来,美国政府制订了多项鼓励绿色建筑发展的法案。比如1992年颁布第13123号总统令和能源政策法案,对新建建筑在选址、设计、建设等方面都提出了明确要求,规定2010年的建筑能耗要比1985年降低35%以上。美国政府拟成立涵盖多个政府管理部门的绿色建筑委员会,制定绿色建筑相关的政策法规,对建筑建造和应用的各个环节进行识别和监督,确保绿色理念贯穿始终。政府还对没有达到设计规范所规定的环保要求的新建项目进行处罚。

[②]整理自西安建筑科技大学绿色建筑研究中心编写,绿色建筑,中国计划出版社,1999年6月第1版,151页。

2.4 典型示范

目前发达国家的建筑节能已经达到了很高的水平，又把视野扩展到建筑全过程的资源节约、改善室内空气质量、提高居住舒适度、安全性等更多的领域。他们的建筑师也在根据各自的特点，按照绿色建筑的理念进行实践。绿色建筑研究的热潮催生了一批又一批绿色建筑的样板。典型示范对于绿色的新工艺、新技术应用，乃至绿色建筑模式的推广都有积极的作用。

比如英国科学家研制出一种绿色住宅，建筑原料使用的是来自能维持生长的欧洲和美洲的温带森林的硬木，住宅内不使用石棉和含铅油漆等有害人体健康的物质，不再使用排放破坏臭氧层的氯氟碳的空调设备，其室内采用自我通风结构大大减少了空气中的二氧化碳含量，并使热水只在需要时才供应，免去了储水塔，照明使用轻巧的荧光高能效和不闪烁光源等。英国设计了21世纪的绿色办公建筑样板——英国BRE的环境楼(Environmental Building)。该大楼最大限度利用自然通风，尽量减少使用风机，顶层屋面板外露，避免使用空调。尽可能采用日光，白天屋面板吸热，夜晚通风冷却。安装综合有效的智能照明系统，可自动补偿到日光水准，各灯分开控制。建筑物各系统运作均采用计算机最新集成技术自动控制。

欧洲近期启动了旨在降低学校建筑50%~60%的热能消耗，降低30%~50%的电能消耗，减排二氧化碳50%的环境示范项目，项目将会应用隔热玻璃、热回收、自然冷却、日光通道优化、高能效照明系统、热泵、高效通风系统等技术，在丹麦、德国、挪威、瑞典、西班牙、意大利、希腊等国进行示范。典型示范项目既检验了建筑在设计上、建造上、使用上是否满足可持续发展的要求，又引领公众认识绿色技术、绿色建筑，推动绿色建筑的良性发展。

2.5 完善标准

绿色建筑评估是通过预测建筑的环境表现来进行评估的，其目的是鼓励和推动绿色建筑在市场范围内的实践。发达国家在推进绿色建筑发展中，十分注重绿色建筑评估标准的制定和完善，目前形成了一套比较完备、操作性强的科学评价体系。

比如最早提出的绿色建筑评估体系：英国建筑研究组织环境评价法 (Building Research Establishment Environmental Assessment Method, BREEAM) 是1990年由英国的"建筑研究所"(Building Research Establishment, BRE)提出的。该方法认为绿色建筑评估的内容包括建筑性能、设计建造和运行管理。评价条目包括9大方面③：管理——总体的政策和规程；健康和舒适——室内和室外环境；能源——能耗和CO_2排放；运输——有关场地规划和运输时CO_2的排放；水——消耗和渗漏问题；原材料——原料选择及对环境的作用；土地使用——绿地和褐地使用；地区生态——场地的生态价值；污染——(除CO_2外的)空气和水污染。每一条目下分若干子条目，各对应不同的得分点，分别从建筑性能、设计与建造、管理与运行这3个方面对建筑进行评价，满足要求即可得到相应的分数。此后加拿大、美国及其他许多欧洲国家的研究机构相继推出各种不同类型的建筑评估法。由于人们对建筑与环境的认识和研究尚有许多不足，绿色建筑评估受到许多知识和技术上的制约。目前世界上大多数评估法中都存在很大比例的主观性条款，评估的准确性常常受到质疑。BREEAM不断调整评估条款的分类方法，并大幅增加评估条款到119条。其他的绿色建筑评估体系，如美国能源及环境设计先导计划 (LEED)、加拿大的绿色挑战2000 (GBC2000)等也随着人们对绿色建筑的认识深入和要求的提高，不断完善充实。

西方发达国家在绿色建筑的理论探讨、科技研发、政策支持、评价体系完善等方面都走在了发展中国家的前面，我们发展绿色建筑应该汲取其有益经验，少走弯路。

3 我国发展绿色建筑的对策

3.1 加强绿色建筑知识的普及和绿色理念的培养

在我国的主流建筑院校，应将绿色建筑和可持续发展理念作为建筑教育的重点核心内容，及时增加关于绿色建筑的新思想、新技术，增强建筑教育的实践性。在教学中，把可持续发展理念与严格的技术结合起来。鼓励更多的绿色建筑设计师、建筑师参与教学，鼓励学生在实习中应用所学到的环境设计知

---

③ 李百战，绿色建筑学概论，化学工业出版社，2007年9月第1版，10页。

识。政府应拨付绿色建筑专项研究经费,支持高校开展"产学研"的结合活动,争取使建筑院校成为绿色建筑研究领域的中坚力量。还可以通过建筑设计院、建筑研究中心等技术中心进行"知识孵化转移",对建筑师和项目决策人员再培训,在业内广泛传播绿色设计的理念、原则和技术知识。

利用网络、电视、报刊、杂志等媒体,开展形式多样、内容丰富的节能与绿色建筑宣传,向全社会普及绿色建筑的标准概念,提高全社会对节能环保与绿色建筑重要性的认识。使从政府部门到建设单位、开发商、设计、施工、监理、物业管理等人员乃至大众都对绿色建筑知识有基本的了解。

3.2 加大与绿色建筑相关的科技投入转化

绿色建筑作为新型建筑形态,必须以科技为支撑。要建立建筑业技术创新体系,加大以节地、节能、节水、节材和生态环保为一体的绿色建筑基础性和共性关键技术与设备的研究开发。充分利用展览会、企业推介会、网络信息等方式建立建筑领域新技术、新产品、新材料、新理念推广交流平台,加快科技成果产业化和普及化速度。及时将新技术、新产品、新材料的最新科研成果应用于绿色建筑的发展中。

3.3 加大政策引导力度

政府要研究制定发展绿色建筑的战略目标、发展规划、技术经济政策,制定鼓励和扶持政策。对符合绿色理念的建筑在税收、投资、信贷、价格、收费、土地等方面给予优惠。可以建立建筑节能及绿色建筑专项资金,对通过评估标准认证、获得较高评价等级的绿色建筑的开发商和消费用户给予一定的财政补助或者税收优惠。对于新技术、新产品和新材料引起的成本增加,按其在使用期限内节约资源能源的成本折合一定比例进行补助。对传统的高污染、高耗能或达不到建筑节能最低标准的建筑项目给予必要的限制。利用市场机制和国家特殊的财政鼓励政策相结合的推广政策,对政府投资的建筑项目,应首先以绿色建筑的标准严格要求,必须达到最低节能标准,引导社会建筑向绿色建筑、节能建筑转变。

3.4 发挥绿色建筑的示范效应

绿色建筑在我国的推广不可能一蹴而就。在经济落后地区,达到节能目标可能就是绿色建筑,在经济发达地区除节能目标外,还可能有更多的健康指标,才是绿色建筑。理想的绿色建筑应是完全使用可再生资源,建筑的建造、使用、建筑垃圾的处理等都对环境无害。因而应根据我国各地的气候、资源等自然条件的不同,确定不同地区、不同经济发展阶段的绿色建筑标准,并依此建设一批绿色建筑的示范项目,一批适宜于不同地区特点的绿色技术研发中心。通过示范效应引导绿色建筑的普及,通过示范绿色建筑的实验,不断完善绿色技术。

3.5 构建完善的绿色建筑评价体系

目前发达国家绿色建筑评估体系发展较快,已经处于相对完善阶段。2006年6月建设部颁发实施《绿色建筑技术导则》为我国绿色建筑评价体系的构建奠定了基础,各地也有出台绿色建筑的标准的。但总的来说,我们出台的标准很大程度上仅仅停留在纸面上,很少去实用。标准的制定还存在指标设计不科学,人为因素过多,技术因素过少的问题,难以发挥评价体系的作用。要根据我国不同地区气候、环境参数、资源状况、人文素质、技术水平、发展状况等的不同,借鉴国外的评估参数,通过充分调研、科学立项、实践检验设计出符合我国各地特点的评估体系来。

4 结语

毫无疑问,绿色建筑是建筑业发展的潮流。尽管当前绿色建筑推进中还存在重重困难和障碍,我们仍然有理由相信,只要立足实际,大力借鉴发达国家的先进经验,坚持理论创新、技术创新、政策扶持、示范引导、标准规范等原则,绿色建筑一定会大兴于中华大地!

参考文献

[1] 李百战.绿色建筑学概论.化学工业出版社,2007年9月第1版.

[2] 西安建筑科技大学绿色建筑研究中心.绿色建筑.中国计划出版社,1999年6月第1版.

[3] 张震.我国绿色建筑的现状与对策.中国科技信息,2008年第16期.

[4] 廖含文,康健.英国绿色建筑发展研究.建筑学报,2008年第3期.

[5] 李明浩.可持续性下的绿色建筑战略.建筑学报,2003年第2期.

特别关注

对我国上市建筑企业发展的分析思考

姚战琪[1]，张丽丽[2]

(1.中国社会科学院财政与贸易经济研究所，北京 100836；2.中国社会科学院研究生院，北京 100836)

摘　要：本文描述了目前我国上市建筑企业的现状，重点剖析企业所面临的新的挑战与机遇、企业的内部自身瓶颈和外部市场环境，并提出了具体的政策建议。

关键词：上市建筑企业，问题分析，发展方向

引　言

2009年7月29日中国建筑在上海证券交易所上市，筹资额达501.6亿元人民币，募集资金达501.6亿元，成为今年全球最大IPO。中国建筑的上市拉升了上海证券交易所的筹资总额，对股市的发展有不可忽视的影响；同时，中国建筑的上市使企业本身的资本结构、今后发展方向、经营战略制定都将有重大调整。中国建筑上市后的发展前景仍需时间的考证，然而我们可以通过分析其他已上市建筑企业的现状及存在的问题，提出有针对性的政策建议，为即将上市或准备上市的企业提供一定的参考。

一、目前我国上市建筑企业的发展现状

（一）受上市规制的制约，我国上市建筑企业相对规模较小

企业上市可以降低融资成本、提高企业知名度和信誉度，民营建筑企业上市还有利于提高建筑业整体素质，促进建筑行业整体形象的提升。但企业上市并不能一蹴而就。它的政策性较强，需要经过改制、辅导、申报核准等环节，需要企业与政府部门的沟通、企业与中介机构的协调，这一繁杂的程序使得很多企业望而止步。上市对于企业自身条件如股本总额、近三年盈利情况、公司股东情况有严格的要求，这一要求又给很多中小型建筑企业设置了不可逾越的门槛。企业上市后承担向公众披露财务信息、资金用途去向的责任，各项经营决策均需履行一定的程序，相对于非上市企业而言失去了一定的灵活性，因此上市并非适用于所有企业。受企业上市规制的制约，相对于庞大的建筑企业施工队伍而言，建筑企业上市规模较小。

（二）随着房地产市场的发展，我国上市建筑企业房地产化趋势加强

建筑业本身涉及面广，主要从事建筑安装、施工、维修装饰等生产活动。而我国上市的建筑企业具有同业、同构、同质性，并没有形成一个整体性、影响力较强的行业板块。

近年来随房地产市场的发展，房地产业务收入

占上市建筑企业总收入的比例不断加大。房地产业对产业升级有很大带动作用,房地产开发一般包括市场调研、产品策划、获取土地、产品设计、施工建设、产品营销、物业管理七个环节,其中施工建设是建筑企业的主营业务之一,因此建筑业和房地产业是紧密联系的。基于二者业务关联性的考虑,相对于房地产开发商而言,建筑企业拓展房地产业务拥有一定的优势,比如可以低成本获取土地、利用自身积累的人脉资源获取信息,同时上市建筑企业拥有长期积累的项目管理经验、施工技术和经济资源。建筑施工企业平均利润率较低,而房地产开发企业盈利率较高,上市建筑企业为提高自身盈利水平,业务触角不断伸向房地产开发企业,使得专营建筑施工的建筑企业逐渐减少,同时带来了建筑企业房地产化的趋势。

(三)上市建筑企业国际竞争力不足

我国建筑企业在国际市场上占有的份额不到2%,与我国建筑业的发展很不相称[1]。发达国家的建筑企业以生产规模大,规划、设计等环节分工精细,资本实力雄厚,企业核心竞争力强为主要特征。从我国上市建筑企业发展特征来看,与发达国家差距较大。从资本运营角度来分析,我国上市建筑企业的负债率较高,融资渠道少,资金周转困难,闲置资产不能得到很好的运用,受所有制的束缚,资本结构难以优化重组;从企业管理角度来分析,我国上市建筑企业资质管理不规范,财务管理不健全,项目施工管理体系混乱,专业化管理人才欠缺;从技术设备角度来讲,我国上市建筑企业仍是劳动密集型产业,先进技术的开发、施工手段的创新、新材料和新设备的引用都比较落后;从法律规范角度来讲,我国建筑企业施工招投标管理不规范,由于僧多粥少,一些建筑企业为获得工程建设项目,压低标价压缩工期,不考虑风险防范管理,加大了企业竞争压力。

二、对目前我国上市建筑企业整体状况及其所处的市场环境的剖析

(一)我国上市建筑企业发展的内部自身瓶颈

董事会是上市企业重要的高层决策机构。董事会成员素质水平、董事会结构构成和制度规定对于企业科学决策、正常运转影响较大。我国上市建筑企业一般从业人员较多,但董事会成员中缺乏具有一定专业技能的业内专家,有的领导对于提高企业的凝聚力、加强企业文化建设、丰富职工业余活动都缺乏积极性,这对企业的发展壮大极为不利。董事会的科学决策一般需要独立董事的监督,我国现代企业制度的运作尚不规范,独立董事的选聘一般是由董事会提名讨论,选聘难以遵循公平公开的原则,更难以根除近亲繁殖、任人唯亲的劣性。独立董事不能很好的发挥其监督职能,制约了公司有效治理水平和决策效力的提高。

与中小型建筑施工企业相同,我国上市建筑企业也面临项目管理运作模式混乱这一难题。企业施工过程中项目管理的职责权限不清晰,管理效益与效率低下。同时,建筑施工企业门槛较低,吸纳了部分农民工。而农民工的特点便是流动性较大,企业拖欠农民工工资便会引发意外劳资纠纷,甚至造成群体性事件,这对于企业品牌形象亏损有一定风险,给企业带来不必要的意外损失。

我国建筑业目前仍属于劳动密集型产业产业,科技含量较低。随着社会对建筑产品要求的提高,对建筑生产技术也有了更高的要求,企业的信息化建设显得尤为重要。信息技术的使用有利于建筑企业高层管理人员全方位监控项目运行状况,及时讨论解决施工难题,掌握最新的施工技术和方法。从目前现状看,我国54.5%的企业仍处于信息化没有启动或信息化初步阶段,信息化建设仅限于专业软件的局部使用[2]。建筑企业信息化建设缺乏专业性管理人才,数据资料冗杂,数据信息不能实现共享,造成资源浪费。

(二)我国上市建筑企业面临的外部市场环境

1.国际金融危机所带来的挑战与机遇

国际金融危机对各国房地产市场的影响重大。在金融危机肆虐全球时,房地产开发商受到资金供应链断裂的巨大压力,使其不得不缩减自己的开发项目,大量在建项目甚至由于资金短缺而停工、窝工。开发项目的缩减,在建项目的停工窝工,不仅会破坏企业品牌形象,造成建筑施工企业的利润率下降,更重要的是,进一步加大了建筑施工企业原有

的巨大竞争压力,使其生存环境恶化。

国际金融危机造成金融市场动荡,如货币汇率变化、投资者撤资等,以及由于金融危机使得部分国家国际贸易政策的改变,造成部分国家贸易保护主义的抬头等,这些因素都直接增加了我国建筑施工企业海外承包经营的难度。

为尽快摆脱国际金融危机的影响,我国制订了一系列经济刺激计划。在关系民生的农业、水利、能源、交通等基础设施建设方面加大投资力度,为工程建筑企业提供了发展机遇。同时国家实行适度宽松的货币政策,有利于中小建筑企业获取资金,为中小企业与大型上市建筑企业进行市场角逐提供了有利条件。充分的市场竞争利于完善建筑行业的管理体制,增强了我国整体建筑行业实力,为我国建筑企业走出国门参与国际市场竞争创造了良好条件。

2. 市场竞争压力较大

我国建筑市场产业集中度较低,主要采用生产要素相对分散的生产方式,资本与技术水平远远落后于其他产业。由于建筑企业产品具有独特性,建筑企业生产者不能根据自己的意愿去生产产品,而只能被动的去适应需求者需要。换言之,建筑市场是需求方为主导的市场,建筑企业供给方处于不利地位。另一方面,由于建筑市场门槛较低,建筑企业队伍庞大,缺乏专业化市场分工,施工承包单位规模和类型大多相同,并因此导致过度竞争,降低企业利润。

3. 建筑市场体系不规范——工程招投标存在诸多问题

建筑企业获取工程项目的主要方式是工程招投标,规范的工程招投标制度有利于整顿建筑市场秩序,从源头上预防和治理工程建设领域的腐败。我国的工程招投标过程存在的主要问题有:

(1)业主方面。一些业主部门为保护本地企业规避招标,或对于应公开招标的项目实行邀请招标,或提高中标条件排斥潜在中标人,或在办理中标手续签订合同时采用各种非法手段排斥中标人,甚至擅自改变中标结果。

(2)评标方面。目前国内定标的办法一般以取低标为主,缺乏一套科学合理、公开公平的评标方法;评标成员的水平不一、业务素质有待提高,甚至一些评标成员是业主单位选任的,评标人的评标结果是业主单位的暗定企业,而不是具有真实实力的优胜者。

(3)承包商方面。①建筑市场的竞争主要体现为工程招投标的竞争,工程招投标的竞争核心是工程造价的竞争,承包商为获取标的,只注重经济指标,忽视施工组织设计和施工方案的编制,使得投标的施工组织设计和施工方案难以体现工程的特点和难点。②一些投标人为获取标的,相互约定提高或压低标价,从而影响招投标的公开和公平。

三、促进上市建筑企业发展的建议

(一)提高资本运营能力

由国际金融危机对建筑行业的影响来看,未来上市建筑企业的竞争不仅仅是工程质量、成本的竞争,更是资金实力的竞争。合理的运用资金、正确的经营资本并使资本保值升值对上市建筑企业的发展意义重大。

对于企业的闲置资本要进行盘活,资本闲置便是对企业资本的浪费。对于闲置资本应进行出售、租赁、抵押或选择合适的项目进行投资,应选用合适的方法盘活限制资本,优化资源配置。

对于企业的资本总量要不断扩大,资本总量的扩大便意味着竞争实力的增强。大型上市建筑企业可通过并购、扩展融资渠道等方式扩大资本总量。企业进行横向并购,即并购同质企业,不仅可以扩大自身资本总量,同时可以减少自身竞争压力,扩大自身知名度。大型上市建筑企业可以通过纵向并购,即并购企业上游或下游产业,如建筑材料生产者,可以降低自身施工成本,利于企业的专业化生产。企业应牢固树立安全防范意识,建立安全管理制度,加强工人的安全教育,确保建筑安全施工进度,避免不必要的纠纷。

(二)建筑企业自身管理体系的完善

1. 企业资质管理的完善。对整个建筑行业来说,严格规范建筑行业的企业资质管理、从业人员资格认证审核制度,为建筑企业设立合理的贸易壁垒,以利于缓解国内外市场竞争压力,提高企业综合素质。

2.企业招投标管理的完善。完善招投标法律制度,加强招投标监管的执法力度,建立统一的工程招投标评定标准,对于性质、功能不同的工程采用不同的评标办法,以此提高评标工作人员的业务素质。

3.企业工程项目管理的完善。建筑企业应建立统一的质量、成本、安全管理控制体系。建设项目开工之前,确立质量等级与标准,明确项目质量管理职责,实行奖罚责任制。对工程施工的各个环节(如原材料和机械设备的购买使用),应进行严格审核,全面提高工程质量。建立标准的工程项目成本控制依据,确定合理的目标成本。在建设项目施工过程中,努力降低施工成本,提高预期利润,同时做好核算分析,通过对预算成本和实际成本的对比,纠正存在的成本管理问题。工程项目成本的核心是材料费,因此降低材料费是降低工程成本的关键。在材料的采购、运输、保管等方面减少损耗,合理安置使用现场材料,避免资源浪费,节约成本。

(三)探究建筑行业的多元化经营方式

专营建筑施工的建筑企业经营结构单一,不能很好的转移风险,同时盈利率也较低。建筑企业应不断拓展自己的业务范围,探究多元化的经营方式。多元化的经营方式既可以转移资金经营风险,带来新的盈利空间,同时也提高了企业的风险系数。例如,房地产业务比重较大的建筑企业要提高自己的风险防范意识,房地产业受经济周期波动明显、受政策变化影响较大,所以,在对资本的转移运用中可以考虑参与市政工程和交通运输的建设。

对于房地产业务比重较小的建筑企业,可以尝试提高自身房地产业务比重。中国城镇化旧城改造进程仍在继续,房地产市场前景依然很好,建筑施工企业在充分利用自身优势的同时,克服自身缺点,比如资金短缺、经验不足等,在进行充分市场调研之后,慎重选择目标市场,拓展自身的房地产经营业务。

上市建筑施工企业不仅可以进入与建筑业相关性较高的房地产业,而且可以适当通过参股、控股等方式进入新兴产业和其他领域,比如证券、信息、制造业等。关键是建筑施工企业要确立核心竞争力,在巩固了核心竞争力的基础上从事多元化经营。

(四)提高国际市场竞争力

加强用人机制,构筑人才优势。跨国建筑企业主要采用本地化生产方式,外企丰厚的薪资报酬、良好的个人发展前景吸引了我国大批建筑专业人才。我国建筑企业应该改进用人机制,对有潜力的员工进行培训,阻止人才流失。

加强国际合作,引进、消化、吸收国际先进技术管理经验,使用新技术、新材料、新设备,提高建筑管理的科技含量。积极开拓国际市场,在充分利用我国廉价劳动力的同时,带动材料设备出口,加强自主创新能力。

用先进的工业化技术和信息化技术,武装建筑企业,建立管理科学、高效率和高效益的生产方式,实现建筑标准化、信息化。积极发挥大中型建筑企业在建筑现代化过程中的作用,上市建筑企业通过吸收、合并、重组等形式形成一批主业突出、核心能力强的建筑企业集团,形成建筑企业技术创新体系,增强国际市场竞争能力。

参考文献

[1] 赖明.大力推进建筑业现代化[J].建设科技,2004(5):43.

[2] 祝连波,任宏.论信息化与建筑企业核心竞争力[J].重庆大学学报(社会科学版),2006,12(6):42-47.

案例分析

国际工程承包项目中的风险规避及案例分析

荣 宓[1,2]

(1.董辅礽经济科学发展基金会；2.中国社会科学院经济研究所，北京 100836)

国际工程承包项目的风险与其他国际经济活动的风险相比，具有其特殊性。实际上，国际工程承包项目中的风险，也就是在我们从事国际工程承包项目的市场开发、技术方案选定、设备和材料选择、商务谈判、项目执行与售后服务等活动过程中，因为不确定性使实际结果与估计或预测的结果不同，从而造成经济上、财产上受到损失，物质上遭受破坏、损害，或者工程进度被耽搁的可能性。

一、国际工程承包项目中的风险类别

国际工程承包商应对项目发展的各个阶段中可能遇到的风险因素有一个全面的、深刻的认识。从风险对经济实体的影响来划分，风险可以划分为系统性风险和非系统性风险两类。

(一)系统性风险

系统性风险也称市场风险，又称不可分散风险。指的是由于某些因素给市场所有的经济实体都带来经济损失的可能性。系统性风险对所有的国际承包商都会产生影响，并带来经济损失。系统风险主要包括以下几个方面。

1.政治风险

政治风险通常表现为政治形势的变化带来的风险，它包括工程项目所在国的政局是否稳定，是否经常发生战争内乱和政权更迭；是否有国有化没收外资的可能；此外，当地政府干预竞争、业主拒绝偿还债务、当地政府办事效率低下等因素，都增加了国际承包工程的政治风险。

2.经济风险

经济风险是指工程项目在实施过程中，由于各种经济相关因素的变动，造成工程材料、设备等的价格涨跌、供应脱节。主要表现在通货膨胀、汇率急剧变化等方面。

3.环境风险

建设环境的风险主要由自然、地理气候、基本外部设施及人为因素等方面构成。自然、地理气候条件主要指自然环境、气候特点，诸如暴雨、台风、地震、严寒、海啸等现象。对这些现象估计不足都会加大风险。

(二)非系统性风险

非系统性风险可能只对某一个承包商产生作用，而对其他承包商则毫无影响。这种风险包括投标阶段、合同履约、施工完毕三个阶段的风险。

1.投标阶段的风险

1)商务报价的风险

国际工程公司在投标中会尽量压低标价，但过低的报价降低了承包商的利润，而且在履约过程中，充满了不确定性因素，这就使承包商的履约风险增加。

2)技术风险

技术风险包括项目的技术结构、项目的规模以及项目实施方的技术能力和经验。在投标阶段需要考虑的技术风险主要有：水文气象条件、地质地基条件、项目所适用的标准规范。

2.履约阶段的风险

合同履约阶段在这里特指承包商和业主（即发

包方)就有关国际工程承包项目签订合同到项目完工、交付使用、并最终和业主签订工程项目验收证书的全过程。该过程是国际工程承包项目运作的最主要阶段,各种风险都会在这一阶段发生或隐显。

1)合同风险

合同风险包括合同条款风险和合同管理风险。合同条款风险主要表现在不平等条款及条款遗漏或含糊不清。合同管理风险主要表现在项目管理人员缺乏合同意识,不懂得合同严肃性,监督执行合同条款、索赔管理不力,导致履约不力甚至不履约行为。

2)施工组织管理风险

通常总包商需要通过合同的方式、子承包商或其他联营体进行合作来完成一个大型工程项目进度的要求。但通常单位较多同时又会涉及各方的利益,如成本、利润、责任等,相互间不可避免会有冲突。

3)采购管理的风险

采购管理是确保承包工程成功实施的关键环节之一。供货商供货延误、所采购的设备材料存在瑕疵、货物在运输途中可能发生损坏和灭失,这些风险都要由承包商来承担。

4)保函风险

在国际承包中,业主根据合同条件,要求承包商开立种类不同的银行保函作为监督承包商履约、防范承包商违约的重要手段。如果承包商违约,业主有权凭保函向承包商的担保银行提款,弥补承包商违约给业主造成的损失。

5)支付风险

工程款回收是承包商在国际承包中最关心的问题之一,也是承包商履约风险中最大的一项。在工程实施中,如业主不能按进度付款,则必然影响承包商的施工进度,加大成本。

6)误期赔偿的风险

即当由于业主原因而使工程延误,业主或工程师未发出明确的赶工指示,却又不同意工期延长,并坚持要求承包商按期完工,否则承包商将支付延迟违约金。承包商往往面临两难的境地。通常承包商除了赶工,并在以后把握机会对其赶工成本进行索赔而获得偿付外没有其他的选择。而索赔事项不仅影响项目按期竣工,还可导致承包商费用增加。

3.施工完毕后的风险

施工完毕阶段在这里指承包商完成工程绝大部分工程量,并通过验收获得项目验收证书后的阶段。此阶段企业后期的技术服务很重要,优良的技术服务以及和业主的良好的客户关系可以在该国树立良好的公司形象以便招揽到更多的项目。项目施工完毕后的风险包括项目尾款回收风险、质保金被业主没收的风险、施工机械处理困难的风险、公司形象维护及新项目开拓风险。

二、风险规避在国际工程承包项目风险控制中的作用

风险规避并不是要完全消除风险,而是减轻或者避免风险可能给我们造成的损失。在国际工程承包项目中,如果项目风险超过了可接受的范围,经过分析属于致命危害风险的,可能对承包商带来严重损害的严重危害风险,例如政治风险,一般尽量回避;如果项目风险在可接受范围之内,则属于一般危害风险,应注意监я已识别的风险而不必改变原定计划,并深入查找尚未显露的新风险。

为此,对于国际工程承包项目中出现的风险可以采取不同的对策,包括:完全规避风险、风险损失的控制、转移风险和自留风险。下面的案例分析,能够帮助读者更好地理解如何采取有效的对策来规避和化解国际工程承包项目所面临的各种风险。

(一)项目简介

某中国企业承包非洲某国家一条54km的公路工程项目。工程总工期为29个月,合同造价折合约1671万美元。该项目是两国政府11年来最重要的双边经援项目,对促进两国关系的发展举足轻重。项目的实施将对加强两国及其双边经贸的友好关系,促进非洲发展新伙伴关系以及当地的经济发展具有重要意义。

该工程地处撒哈拉沙漠边缘丘陵山区地带,其中约70%地段为沙漠地区,剩余工程地段多处山区,并且需穿越一个山口。同时,由于地处沙漠,地下水源匮乏,交通运输不便。

该国法律法规体系较不健全,地方性法规与全国性法规冲突较多,给工程的顺利进行带来了客观

案例分析

上的困难。合同签署前一段时间该国大选，执政将近40年的执政党落选，反对党上台，引起政局动荡。大选刺激了愈演愈烈的种族问题，偶有区域性的骚乱或者暴动，国家政局不够稳定，安全问题不容忽视。同时，该国新旧政府办事效率均极其低下，工程部、土地部、电力公司，以及电信局等当地政府部门的协调迟缓而不力，问题突出，给项目的进一步实施带来困难。

（二）风险规避分析

该公司承包该公路工程项目时，风险管理比较到位，成功地完成了项目并取得较好的经济和社会效益。下面对该项目从几个主要方面进行分析。

1. 政治环境风险

该国原执政党执政超过35年，其中执政政府执政期长达20年，全国大选后反对党获胜。政府的"改朝换代"对我方在前总统当政时签署的政治性很强的援建项目合同的执行客观上带来了困难。

为加强法制和反腐力度，增强透明度，严格按规定程序办事，反对党执政后对前政府进行了一系列相关改革，其中包括暂停原政府签署的所有招标项目(含援助项目)合同，按照合同法进行全部重新审定。因而，该项目的顺利执行遇到了很大困难。新政府部分官员，特别是财政部对于是否继续执行援助项目持不同意见。新政府以法律规定合同必须会签为由，搁置项目的实施，甚至一度提出欲取消该援助项目。

面对巨大的困难，我方致力于进一步解决当时在该国不具备法律效力，在审定中被搁置的对外合同问题。驻该国外交使团与新政府高层及相关部门积极有效地进行了多次磋商和交涉，经过十个月的艰辛努力，财政部终于会签了对外合同。新政府履行实施由前政府确定的该项目合同，这在当时我国与非洲国家双边援建工程历史上是一个破例。在解决对外合同的时间谈判协作方面所耗时间之长、克服困难之多，在两国之间的双边援助项目中也实无先例。

对外合同解决的关键在于准确及早地认识到该国复杂的政治形势，提前与双方相关政府部门沟通斡旋，最终通过双方工程部和财政部进行磋商交涉，在双方法律法规允许的前提下达成共识。全面遵照执行我商务部和驻该国外交使团领导关于项目工作的指示和安排，把这一原则视为项目能否顺利执行的基础。涉及项目全局的重大问题及困难的解决，企业均及时向驻该国大使馆和经商处全面汇报并按指示意见办理，同时积极配合外交使团就落实援助项目的各项工作的妥善解决和项目的顺利实施，使该项目最终得以顺利执行，在最大程度上减轻了政治风险对于工程的不利影响。

2. 安全风险

该国政治形势复杂，社会两极分化现象比较严重，经济发展相对落后，社会治安较差，种族问题及由此引发的地区性骚乱暴动频繁，安全风险显而易见。我方充分认识到要想进入该市场，就要坚持从信息跟踪阶段充分考虑安全因素，周密考察项目政治、经济和安全环境，进行安全评估。在报价里考虑安全保卫费用或加上一定的安全风险系数，在施工、组织设计上要制定相应的安全措施并狠抓落实，以确保人身安全和财产安全。只有尽可能全面收集资料、对安全形势准确判断分析，才能最大程度减少后续工作中的安全隐患。

最终，我方采取了以下几个方面的措施，最大程度上避免了安全风险：

1) 熟悉工程所在地地理位置，当地社会治安状况，民族构成与民族特点，宗教信仰与生活习俗，生活水平与物资供应，交通运输状况，以及其他工程所在地周边环境，气候、水文与地质条件等。

2) 提高安全意识，落实安全措施，确保员工安全。制定一系列安全管理措施，建立严格的安全监督体制。合同谈判中争取当地政府加强安全保卫措施，搞好同当地政府官员、警察及有影响力的各种要人的关系，聘请当地警察及保安负责安全保卫工作。同时争取本地人支持，适当地为当地人做一些好事，修桥铺路，捐助小学和贫困人口，形成与周边环境良好的关系。

3) 购买各种商业保险。商业保险是在安全事故发生后减少损失的有效途径。我方在充分调查了该国政治环境及社会状况之后，对在海外的人员全部办理了高额人身意外伤害保险。

3.工程技术风险

此工程公路沿线长50km,有一半以上的地段属于挖方地段,有限的地质资料很难反映出整个路段的地质情况。在挖方地段很有可能遇到石板等情况,需要采取相应的措施进行处理,影响正常施工进度,增加成本。对于不同地质条件下的需要采取不同的措施进行处理,构成相应的风险。

我方领导对于该工程给予充分重视,将该项目列为重点工程。在组织上给予了积极支持,并采取了以下有力的措施:

1)严格审核施工方案。施工方案大到整个工程结构,小到细部安装,编制得非常详细。包括具体的人力、材料、机械、设备等资源配置,以及施工临时设施的计算说明书。

2)完善工程质量管理。加强了施工过程控制,对每道工序制定检查标准,进行严格把关。并按照国际工程管理惯例,在每一分项工程开工前编制检查和检测计划,制定需要检查的工序和检测标准。

3)投保商业保险。在工程的实施过程中,通过在保险公司投保工程一切险,有效避免了工程实施过程中的不可预见风险,并且在投标报价中考虑了合同额的6%作为不可预见费。

三、结 论

在国际工程承包中,风险和不确定性是与生俱来的,贯穿于投标过程及合同执行阶段的方方面面。它们可能给建设活动带来在时间、资源和金钱方面潜在的损失,甚至可能造成企业倒闭,因此必须予以重视。承包商应当认识到,既没有完全脱离风险的纯利润,也没有毫无利润的纯风险,风险的影响程度是可以转化的。在投标前作计划时便识别和度量风险,作计划分析和预测项目风险,采取措施防范和转移风险,细致调查存在各类风险的主客观条件,认真分析评价项目风险影响的严重程度,事先编制项目风险应对计划,采取某些防范和转移风险的措施,采取风险回避、风险分担、风险转移、保险,以及预备金等技术,以期有效地进行风险规避,避免风险给工程项目带来的损失。

南宁:施工企业须为一线建筑工人买意外伤害险

南宁市从8月开始实施已出台的《关于加强和规范建筑意外伤害保险工作的意见(暂行)》,明确了建筑意外伤害保险工作各方主体责任、保险期限、金额、保费、投保方式、索赔、安全服务。从8月份起,南宁市新上马的工程项目必须按要求办理建筑意外伤害保险。

《意见》规定,凡在南宁市从事建筑施工活动的施工企业,必须为施工现场从事施工作业和管理的人员在施工活动过程中发生人身意外伤害事故提供保障,办理建筑意外伤害保险,支付保险费。实行不记名和不计人数的方式,保险费列入建筑安装工程费用,由施工企业支付,不得向从业人员摊派。

建筑意外险以工程项目为单位进行投保,手续要求在工程项目办理安全监督手续前办理,保险期限从工程项目开工之日至工程竣工验收合格日。投保有关信息必须告知被保险人,并以公告形式在施工现场张贴,公告时间不得少于30天。

根据《意见》规定,每位被保险人的意外伤害保险金额不得低于20万元,附加意外伤害医疗保险金额不得低于2万元。

这一规定将有助于维护建筑业从业人员的合法权益,增强企业预防和控制事故的能力,使建筑施工企业从事危险作业的职业在遭受意外伤害时能得到有效的救治和经济补偿,减轻施工企业因意外伤害事故造成的经济损失,促进安全生产。

(翟 一)

案例分析

绿色机场的建设
——航站楼节能

仟 娜，高金华

(中国民航大学，天津 300300)

摘 要：随着能源的日益短缺，绿色机场的建设已成了一个不可避免的趋势。绿色机场的建设涉及多个方面，基本要素主要体现在四个方面，即节约、环保、科技和人性化。本文只从绿色机场基本要素节约中的节能这一方面来进行分析和讨论，主要内容有绿色机场航站楼节能的必要、节能的措施和我国几个大型机场航站楼节能所作的努力等。

关键词：绿色机场，航站楼，节能措施

现在，在我们充满活力的社会，航空运输已经成为一个社会运输的基础。航空运输相对于其他运输方式而言具有安全、舒适、速度快的优势，这种优势可以增强经济的活力和提高生活的质量。机场是航空运输系统的重要基础设施，如果不进行妥善的处理，机场也可以带来噪声、空气和水体的污染、能源的浪费和水资源的枯竭。如何减少噪声、空气和水体的污染、能源的浪费和水资源的枯竭，倡导改建和新建绿色机场是一个很有效的方案。

绿色机场源于绿色建筑的概念，是和绿色建筑一脉相承的。绿色机场，即节约、环保、科技、人性化的机场，是指在机场设施的全生命周期(选址、规划、设计、建设、运营维护及报废、回用过程)内，充分利用最新的科学技术成果，以高效率地利用资源(能源、土地、水资源、材料)、最低限度地影响环境的方式，建造在最低环境负荷下的最安全、健康、高效及舒适的工作与活动空间，促进人与自然、机场环境与发展、建设与运行、经济增长与社会进步相平衡的机场体系。

基于"绿色机场"的理念建设机场，将显著提高机场系统的容量、能力、效率、安全性和竞争力，全方位满足国民经济快速增长的需要，为广大公众提供更安全、准时、快捷舒适的航空服务，并极大地促进机场相关产业的快速发展，是当今中国民航机场发展的基本理念和目标。建设绿色机场体系是在新的历史阶段贯彻科学发展观、走可持续发展道路的必然选择。面对国民经济发展迅速、物质文明空前繁荣和民用航空运输业快速增长的形势，作为区域经济中一个重要节点——机场，建设与环保、节能、绿色理念的和谐统一，给处在发展快车道上的机场建设和运营提供了新的启迪和要求。在机场的规划、设计、建设和运营等工作过程中，按照节约型、环保型、科技型和人性化服务的总体要求，全面树立和落实科学发展观，突出以人为本、资源节约，对发展我国的民航事业和造福人民具有重要的意义。

绿色机场的建设涉及多个方面，本文只从机场航站楼的节能的必要、节能的措施和我国几个大型机场节能所作的努力进行分析和讨论。

一、机场航站楼进行节能的必要性

根据绿色机场的理念和基本要求，绿色机场的基本要素主要体现在四个方面，即节约、环保、科技

和人性化，并据此成为绿色机场建设的基础。

节约：在机场的生命周期中，坚持和实施开发与节约并重、节约优先的方针，综合运用国内外先进技术，以提高资源利用效率为核心，以节能、节水、节材、节地、资源综合利用和发展循环经济为重点，按照"减量化、再利用、资源化"的原则，促进资源循环式利用，促进机场的可持续发展。

环保：在机场的建设、运营中，综合运用和展示国内外环境保护的先进技术，建立清洁优美、环境友好的绿色机场，为社会公众提供良好的工作和生活环境，减少或杜绝人类经济活动对环境所造成的影响。

科技：充分、有效地利用各种新技术、新材料、新方法、新工艺等科技新成果，通过采取有效的保护自然资源、减少环境污染、改善生态环境、节约能源等措施，建设最安全、健康、高效、舒适的机场，实现循环经济和可持续发展的目标。

人性化：即在机场规划设计、建设、运营中充分体现"以人为本"的理念，为社会公众提供多样性、个性化和快捷的服务，达到并符合"人性化"服务的标准——可信赖度(Reliability)、保障度(Assurance)、感知度(Tangibility)、关怀度(Empathy)和敏感度(Responsiveness)。

一个机场的能源中心可以说是它的心脏，因为其生活、生产的供电、供热、供冷等，是保障机场正常运作的核心环节。而机场作为旅客服务的节点，其用于跑道灯光、航站楼照明、暖通空调以及各种运行设备的能耗是惊人的，其中主要就是对电能的消耗。

从机场各分区能耗来看，在飞行区、航站区、工作区、生活区的能耗差别很大。航站楼聚集大量旅客，进行各种活动，运行各种设备等使航站区成为机场能耗的中心。航站楼能耗主要就是中央空调、照明占据主要地位，另外还有很多传送设备、室内空调、弱电设备等。航站楼消耗的能源主要也是电能和某些空调使用的燃油。所以开展航站楼节能的研究是非常必要的。

最近20多年来，随着能源及环境危机的不断加剧，世界各国对于节能与环保都给予了高度的重视，特别是发达国家，将节能环保列为国家的基本发展战略。

2007年以来，我国国家民航局和行业相关主管部门都积极开展了节能减排方面的工作。根据调研的情况，仅就能源消耗而言，2008年全国几个主要机场的耗电就已经达到数亿千瓦时，单位面积耗电指标大大超过当地公共建筑指标；在机场，耗能大户是航站楼，其耗能量可以占机场的50%以上，甚至高达85%；在航站楼内，空调和照明是耗能的两大部分，合起来能够占到70%以上。

我国机场航站楼存在的普遍性问题是：

1. 航站楼偏大偏高，也存在节能、清洗保洁等问题；
2. 自然通风与自然采光利用不足，或没有作好综合平衡；
3. 玻璃幕墙面积过大，导致耗能过大，运行成本大大增加。

随着中国民航业发展迅速，2008年，完成旅客吞吐量40 576.2万人次，货邮吞吐量883.4万t。我国民航运输总周转量、旅客运输量位居世界第二位，货邮周转量在国际民航组织缔约国中的排名将进入前三名。截至2008年年底，全国已有各类机场158个（不含港澳台地区）。民航总局在一系列发展规划和战略中明确指出，为加速民航的发展，保障国民经济发展对航空业的需要，全国仍需新建、扩建多个机场。根据我国民航局公布的计划，依据《全国民用机场布局规划》，到2020年，我国民航机场总数将达到244个，而这些机场将会无一例外地按照科学发展观、按照可持续发展和"绿色机场"的理念来进行建设，而且绿色理念和行动将会贯穿机场的全生命周期之中。如何节约机场航站楼的能源，是摆在每一个机场建设者和机场建设参与者面前紧迫而巨大的挑战。

二、机场航站楼节能的措施

1. 照明节能措施

机场航站楼往往面积庞大，其公共场所照明的种类相当多。除了有众多工作场所的一般照明外，楼内还有大量的装饰照明以及广告、标志照明等。整个照明系统灯具数量众多且分布面广，因此实施照明的节能措施就显得十分必要。

（1）推广高效照明节能产品

随着新材料、新技术的发展和运用，高效照明产

案例分析

品趋于向小型化、高光效、长寿命、无污染、自然光色的方向发展。如使用T8、T5荧光灯、紧凑型荧光灯(CFL)、高压钠灯、金属卤化物灯、电子镇流器、半导体发光二极管(LED)、高效照明灯具等不仅可以满足航站楼的正常运行所需光线,而且还可以节能。和普通的照明灯相比,这些高效照明产品可以节能高达50%。

除了正确选用光源产品外,选择高效照明灯具与光源合理配套使用,在满足照明要求的情况下,可以有效节约照明用电。

(2)应用适用航站楼的采光形式

天窗采光系统

平天窗即顶棚上的水平开口,如果设计合理,是使光线进入航站楼的最有效的方法。天窗通常布置成网格状,天窗之间的距离为地面到顶棚平面的距离的1.5倍时采光质量最佳。

侧窗采光系统

航站楼一般为保证有充足的天然光,会采用大面积侧窗。典型的窗格可以使侧窗在垂直高度2.5倍的空间距离内保持相对均匀的日照。横向格栅是常用的一种反射日光进入室内深处的做法,同时考虑夏季防晒的因素,横向格栅还可以根据冬夏太阳高度角变化调整太阳辐射。侧窗采光系统的进光量大约是天窗采光系统进光量的40%。从天窗进入的太阳光可以让室内充满生机,但直接的阳光照射可能导致不舒适的感觉。因此,对航站楼而言,将侧窗形成一定角度或弯曲,是较好的解决办法。

中庭采光系统

中庭最大的贡献在于提供了优良的光线和射入到平面进深最远处的可能性。因为航站楼进深较大,所以售票大厅及候机厅本身则成为一个天然光的收集器和分配器。中庭的采光除了考虑直射光外,更主要的是光线在中庭内部界面反射形成的第二或第三次漫反射光。中庭起了一个"光通道"的作用,面向使用空间的开口就是这条光道的出口处。这条光道四周的墙体的面积以及折射率决定了这一光线的强弱,以及有多少光线可照到中庭底和进入航站楼底层房间的内部。

(3)充分利用天然采光,节约照明用电

创造良好的视觉环境,并且实现了白天完全或部分利用自然光,从而大大节省了电能,提高了航站楼内的环境品质。目前自然光采光系统的技术及产品正在快速发展中。

带反射挡光板的采光窗。这是大面积侧面采光最常用的一种。优点是能有效的反射阳光,把阳光通过顶棚反射到室内深处,提高靠内墙部位的照度,同时起到降低窗口部位的亮度,使整个室内光线分布更加均匀。

阳光凹井采光窗。是一种接收由顶部或高侧窗入射的太阳光比较有效的采光窗。通过一个内部带有光反射井的上部或顶部采光口,将阳光经过反射变为间接光。窗的挑出部分和井筒特性可按日照参数进行设计,尽量提高表面的反光系数,提高窗的阳光利用效能。

带跟踪阳光的镜面格栅窗。这是一种由电脑控制、自动跟踪阳光的镜面格栅,该窗的最大优点是可自动控制射进室内的光量和热辐射。

用导光材料制成的导光遮光窗帘。其可遮挡阳光直射室内,同时可将光线导向室内深处,其功能和涂有高反光材料的遮阳板相似。

导光玻璃和棱镜板采光窗。导光玻璃是将光纤维夹在两块玻璃之间进行导光。棱镜板采光窗是在聚丙烯板上压出折射光的小棱镜或用激光方法在聚丙烯板上加工出平行的棱镜条,将阳光倒入或折射到室内深处。

(4)采用照明节电控制系统

在航站楼照明控制中,可以采用声控、光控、红外等智能化的自动控制系统,减少照明用电和延长照明产品寿命。降低待机能耗,采用节能插座。例如北京纽曼公司历时多年研发出一种智能化节电插座,可以将家庭影院、电视、空调和电脑系统等电器的待机能耗降低几十倍。如果这种插座能广泛地应用于航站楼内,节能省电的效果将是非常明显的。

2.空调节能措施

研究表明,空调系统是航站楼的能耗大户,约占整个航站楼能耗的40%~60%,空调冷热源的能耗约占空调能耗的50%以上;空调水系统的能耗,冬季约为空调能耗的20%~25%,夏季约为空调能耗的10%~20%;空调机组及末端设备能耗约为空调能耗的25%~35%。一个设计合理且运行良好的空调节能控制系统不仅可以大幅度地节省运行费用，使航站楼在较短的时间内收回系统的一次投资，还可以大幅度地降低对航站楼外部环境的影响。

（1）大力推广高效节能空调。普通空调能效比（额定工况下的制冷量与制冷消耗功率的比值）一般为2.6~3.0，而高效节能空调的能效比一般可达3.0~3.5及以上。采用变频空调等能效比高的节能空调，可有效提高空调的用电效率，节约空调用电。

（2）积极推广蓄冷中央空调。蓄冷中央空调由冰或冷水提供冷源，可利用电网低谷电力储存冷量，电网高峰时段释放冷量，不开或少开制冷机，可有效转移空调用电高峰负荷，有效缓解电力供需矛盾。

（3）加强对大型中央空调的设计、安装、运行管理。大型中央空调涉及主机、水泵管理系统、末端装置、控制系统等多个装置，不仅需要各装置达到节能要求，更需要系统整体优化节能。保持定期调整，保证系统在最优状态下运行，提高中央空调的运行效率。

（4）提高大型中央空调水源侧和负荷侧的进出水温差。主要针对中央空调系统的水泵能耗。水泵能耗占中央空调系统总能耗的15%~30%，且一向被人们忽略。中央空调两侧的进出水温差设计时一般为5℃。但实际使用中，绝大多情况下仅为1.5~2.5℃之间，水的流量大大增加。尽管过度设计的水泵系统可以满足流量的需要，但大大增加了能量的消耗。若将水温差控制在设计值，水泵的能耗可降低一半以上，中央空调系统可节能8%~15%。

另外，通过设置空调的参数，如通过温度控制节能、冷热水系统节能、时间表控制节能、CO_2控制内能、零能带运行控制节能、最佳启/停运行控制节能等具体的空调节能模式，在实际的运营中不断积累不同季节、不同时段航站楼特有的运行参数，找到适合机场航站楼自身运行特点的参数设定值，达到最佳的节能控制效果。

3. 充分利用机场所在地的资源条件

充分利用机场所在地的资源条件，开发利用可再生能源，如太阳能、水能、风能、生物能等。可再生能源的开发所用的主要技术如下：

太阳能：太阳能发电、太阳能供暖与热水、太阳能制冷。

地热：地热发电+梯级利用、地热供暖技术、地热梯级利用技术。

风能：风能发电技术。

生物能：生物能发电、电生物能转换热利用。

其他：地源热泵技术、污水和废水热泵技术、地表水源热泵技术、浅层地下水热泵技术、浅层地下水热直接供冷技术、地道风空调。

三、我国大型机场航站楼节能尝试

欧美等发达国家很早已经开始"绿色机场"的实践，由美国绿色建筑委员会推行的能源与环境设计先导的绿色建筑评估体系成为世界对建筑物绿色评估的技术指导。美国洛杉矶机场航站楼内，不仅80%的地板使用回收材料，就连地毯、座椅也尽可能回收使用，并使用了节能的空调系统和电力照明系统，大大地降低了能源消耗，而新的管道系统将加强水资源保护。加拿大温尼伯机场的新航站楼将在2010年建成，新航站楼广泛地利用自然光，整个航站楼都使用再生建筑材料和低流量管道。窗户的遮阳篷使得室内冬暖夏凉，降低了冷却成本，提高了室内舒适度。印度也投资3亿美元将马德拉斯（承奈）机场（CHENNAI AIRPORT）打造成绿色机场。

"绿色机场"是民航业坚持可持续科学发展观的重要体现。国内在"绿色机场"实施方面已经取得很多成功的实例：无锡机场"太阳能光伏发电并网工程"已正式运营，打造"绿色能源机场"；上海浦东国际机场试行自然通风引入活气，大大节约电力能源，在T2航站楼工程采用矿物绝缘电缆等环保型材料。国内其他行业已经进行"绿色"相关研究，在奥运规划建设中大力倡导"绿色奥运"，对奥运会建筑制定了比较完善的评价标准，审核和指导奥运建设项目的进行；浙江省通过《绿色建筑技术导则》，指导绿色建筑物设计和建设；开展了上海世博园区绿色建筑建设策略研究，提出进行绿色精品示范工程建设，出台了世博园区绿色建筑应用技术导则，指导上海世博园区的规划和建设；国内专家已经意识到"绿色交通"是交通研究方向，并且针对"绿色交通"进行了初步的战略研究。

1. 首都机场

T3航站楼及其各个系统,在设计上就充分考虑到节能要求,应用了许多新技术与新方法,如楼体设计采用全玻璃墙、屋顶带天窗的设计方案,白天采光效果良好,近300个天窗朝向光线良好的东南,白天大幅度减少灯光照明;楼内安装了先进智能照明系统,可通过设定时间表、感应亮度、获取航班信息相应区域的照明等模式来实现自动控制。玻璃幕墙采用中空低辐射镀膜玻璃,既保证采光,又隔声隔热;通过电力监控系统控制各设施的供电用电情况,减少无功功率的损耗。部分天窗可自动开启通风,调节楼内冷暖。照明灯具采用高亮度LED节能灯,初步测算,T3航站楼每年仅此一项可节能约160万kW·h。另外,T3采用供暖曲线调节技术,使供暖系统成为一个随室外温度变化而自动调整热水温度的系统,大大减少了能耗量。

2. 浦东国际机场T2航站楼

首先,在浦东国际机场的T2航站楼的屋顶开设了138个巨型"龙眼"天窗,用来满足夏季隔离日照、冬季室内自然采光的要求。其次是自然通风,引入天然"活气"。在T2航站楼主楼的西、东立面,分别开设高位排风口,而在南、北立面底部各设有自然通风进风口。不仅能在每年春秋两个季节少开两个月以上的空调,同时还能提供大量的新鲜空气。第三个是运用分层空调,将空调区域控制在地面上4m以下范围,在满足人员活动区域温湿度要求的同时,还兼顾了功能性、舒适性、节能性及运行管理上的可靠性。浦东机场T2航站楼空调系统采用水蓄冷空调,较常规空调初投资节省1000多万元,每年可节省空调电费900多万元;较冰蓄冷空调初投资节省5510万元,每年多节省电费300多万元。与未作优化的原始设计比较,浦东机场T2航站楼全年可节电54.9%,年节电1.3亿kW·h。

3. 广州白云国际机场

新的广州白云国际机场在建筑布局上注重建筑物的朝向,充分利用自然采光通风,减少空调、通风、照明的能耗。航站楼公共大厅属于高大空间建筑,空调送冷区域设在层间3m以下,利用冷空气下沉和高大空间上部空气隔热间层的原理,实现空调节能;在航站楼屋面结构中采用张拉膜结构,解决了航站楼的自然采光问题。玻璃幕墙选择低投射、低反射钢化夹胶玻璃,屋面采用了箱形压形钢板技术和张拉膜技术,屋面面板则采用了银灰色氟碳喷涂铝合金板等,达到了很好的节能的效果。

4. 青岛流亭机场国际航站楼

青岛流亭机场的照明系统选用T5荧光灯和进口高显色性陶瓷金属卤化物作为主要光源。这是国际上最新的照明技术,光效和节能都有显著提高。灯的寿命可以延长50%,且光色在寿命期内一直保持不变,能耗却能降低30%。除了可以直接感观到的照明和空调系统外,还有更多不那么容易直接感觉到的节能技术和设备同样在这座宏大的建筑里发挥着重要作用。玻璃幕墙采用了中空夹层低辐射钢化玻璃和隔热铝型材制的支撑系统,有效提高了遮阳系数,降低了热传导系数;外墙面采用加气混凝土外保温墙体;金属屋面采用铝合金压型板双层保温,节能效果达到50%以上。

四、结束语

绿色机场航站楼节能设计已经是未来发展势不可挡的历史趋势,因为它符合当今国际和国内发展潮流,符合可持续发展的理念。资源短缺、温室效应等,已经威胁到全人类的生存安全。在中国,为了落实科学发展观,给我们的子孙后代留下发展空间和优美的环境,是我们这代人义不容辞的责任和义务。我们必须尽最大努力减少资源的无谓消耗,使绿色机场的普及成为现实。

参考文献

[1] 陈钧. 谈空调系统的节能问题. 林业科技情报, 2006.

[2] 盛伟. 浅析建筑节能和中央空调节能的方法. 宁夏工程技术, 2006.

[3] 马晔. 航站楼的光节能和热节能. 航空业的绿色梦想, 2007.

[4] 秦鑫, 孙明, 马晔. 民用航空航站楼的光节能和热节能的研究. 建筑节能, 2007.

国际工程劳务合同模板案例

杨俊杰

(中建精诚工程咨询有限公司,北京 100835)

众所周知,国际工程劳务合同在国际工程承包劳务市场是经常发生的,包括雇主要求提供整套的、整建制劳务、纯劳务人员和包清工劳务等,其合同内容大同小异。目前,我国仍然是劳务出口大国,近来,我们的出国劳务在项目所在国频频发生合同问题、生活安全事宜以及不应该出现的事,这是很值得思考和关注的。眼下,国际劳务市场竞争非常激烈,如何应对工程承包的雇主需要方的劳务需求,关键是怎样签订一份有利于我方出口劳务、有利于保护中方劳务的权益、有利于确保中方人员的人身安全的劳务合同。下面这份同西班牙国际公司所签订的劳务合同具有广泛的代表性、普遍性、运作性和可操作性。归纳起来其特色如下:

1.合同内容细腻,有利于我方。合同里的 18 条内容及其说明,包罗万象、面面俱到,说明在双方谈判前中方已作好了充分、务实的准备。特别是保护中方的权益和维护中方的利益方面,合同设计、合同策划等非常周到,甚至琐碎之事、方寸之地都没有丢掉,真是滴水不漏。处处闪耀着劳务人员在外同样享受改革的成果。

2.劳务合同的核心利益寸步不让。如,在工作内容、人员工资、合同工期、加班费用、医疗保险、劳保用品、带薪休假及其他福利等,都是斤斤计较,按国际和项目所在国的有关法律,力争到底达到预先我们所设定的比较理想的目的和总体目标。

3.在劳务合同谈判中,其谈判技巧的运用同样是重要的,这样才能收到一个满意的结果。一是,劳务谈判也必须遵循国际规则和国际惯例。如工作满 11 个月需要休假的问题就牵扯到人权问题了,必须按国际规则和该国劳动法执行;再如许多条款都表现为权利与义务的平衡关系,这就要运用其惯例说服对方或制约对方了,以维护中方的最大利益。

4.八九不离十,千说万说不离其中,即反复阐述中方劳务人员的素质之高、讲道义讲诚信,吃苦耐劳之显著、劳动态度之良好、服从性之强恐怕是世界上少有的。我们严格按合同办事,请对方放心大胆地使用。在合同条款中双方也明确地列出了此意。

5.在市场经济全球化的年代,"和谐"、"合作"、"双赢"、"价值"等理念,在劳务合同谈判中同样是重要的原则。谈判过程中一定要考虑到对方的需求、对方的想法看法做法,我方亦应合情合理合法尽量予以回应,如支付时间就是西班牙公司提出的,中方当即答应,使对方有满足感,"乘兴而来,满意而归",不留遗憾,打造未来更广阔的合作空间。

6.我方劳务人员必须严谨地、严肃地、严格地、一丝不苟地执行合同。特别是选调人员方面来不得半点虚假。当然,我们还要有劳务合同的预警机制。项目所在国出现问题时,我们有应急处理的措施和办法,不至于措手不及,原因是世界各国形势、风云莫测,变化多端,不可预见因素和敏感事件难以预料。

大中型国际公司的业内人士从这个案例中,不难观察出来该劳务合同的谈判组织是费尽心机,精心研讨、精雕细刻、精心组织、整合资源的。这表现出该中方公司的成熟、经验和老道,对后来者有比较大的启迪性、学习性价值。务请大家慢慢欣赏和体验。

国际工程劳务合同书(模板案例)

西班牙国际建筑有限公司(下称甲方)与中国某建筑工程公司(下称乙方),双方经友好协商,乙方同意为甲方在 L 国 XXX 市 550 幢平房住宅的施工提供劳务,特签订本劳务合同。

第一条 合同目的

本合同目的是根据 L 国住宅工程需要,乙方向甲方提供技术工人、工程技术人员和其他人员(下称乙方人员),甲方向乙方支付报酬。为保证其工程顺利完成,双方应建立互相信任、互相协作的关系,严肃认真地执行合同。

第二条 人员派遣

人员派遣按双方商定的计划进行。在每批人员派遣前两个月,甲方以书面或电子邮件正式通知乙方。乙方在派出前一个月向甲方提交乙方人员姓名、出生年、月、日、工种、护照号码。以便乙方人员赴 L 国入境签证在甲方取得 L 国驻华使馆同意后,由乙方在北京办理。乙方人员在 L 国的居住手续和工作证由甲方办理,费用由甲方负担。

第三条 准备费

甲方支付乙方人员的准备费每人 300 美元。按 L 国政府规定,准备费应在乙方人员到达 L 国十日内,由甲方电汇乙方中国北京-中国银行总行营业部 71400566 账户。

第四条 人员工资

4-1 乙方人员工资的支付时间自离开北京之日起到离开 L 国首都之日止。

4-2 乙方人员的基本工资见附件一。

4-3 基本工资以月计算,凡不满一个月的按日计算,日工资为月工资的 1/25。

4-4 乙方人员基本工资,考虑到 L 国内生活指数增长,年递增 10%。时间从 XXXX 年 X 月 X 日开始。

第五条 工作时间加班

5-1 乙方人员的工作时间,每月 25~26 天,每周 6 天,每天 8 小时。

5-2 每周五休假一天。

5-3 如工作需要,经双方同意,乙方人员可以加班,甲方按下列标准支付加班工资:

(1)平时加班、夜间加班、节假日加班工资均为基本工资的 150%;

(2)加班工资计算方法如下:

$$\frac{月基本工资}{200 小时} \times 加班小时 \times 150\%$$

(3)附表一中序号 1~8 的人员无加班工资。

5-4 上述加班工资会同基本工资按月支付。

5-5 乙方人员即使在业余时间也不允许为其他公司服务。

第六条 伙食

6-1 甲方提供餐厅、全套炊餐、厨房用具及冷藏设备,伙食由乙方自办。

6-2 甲方提供乙方伙食费每人每月 135 美元,包干使用。

6-3 食堂用水、电、燃料和生活物资采购用车由甲方提供并支付费用。

第七条 节日和休假

7-1 所有乙方人员享受工程项目所在国政府的法定节日。

7-2 所有乙方人员在满 11 个月应享受一个月的有薪休假,从 L 国首都至北京的往返机票费由甲方支付。

7-3 如现场施工需要乙方人员延迟回国休假时,乙方可说服乙方人员继续工作。甲方同意为补偿乙方人员的损失,除发一个月有薪休假工资外,还要支付从 L 国首都至北京的单程机票费。

7-4 乙方人员由于家属不幸等原因,工作满半年以上时,经双方协商可提前享用休假回国。如已享休假、请事假回国等,其往返旅费由乙方负担,请假期间甲方不付工资。

第八条 旅费及交通

8-1 甲方负担乙方人员从中国北京机场至L国工程项目现场间的往返旅费和航空公司招待之外必须的食宿费以及进入L国的入境费用,如机场税等。

8-2 甲方负责提供乙方人员上下班和现场负责人及管理人员的工作用车。

8-3 甲方于乙方人员派出前两周向乙方支付北京至L国首都的机票费。甲方负责乙方人员旅途中转的一切事宜。

第九条 税金

乙方人员在中国缴纳的一切税金由乙方承担;乙方人员在工程项目所在国缴纳的一切税金由甲方负担。

第十条 社会保险

10-1 乙方人员在合同有效期内的社会保险,在中国境内由乙方负责(甲方支付乙方每人每月20美元的保险费。其费用加入基本工资内)。在L国境内的由甲方投保。

10-2 乙方人员因公或病亡时,其遗体就地掩埋,费用由甲方负担;遗体如运回中国,费用由乙方承担。

10-3 乙方人员经医生证明,因工伤、疾病缺勤30天以内时,基本工资照发。L国保险公司对乙方人员人寿病假赔偿费由甲方收取。

第十一条 医疗

乙方人员按照L国社会保险法的规定,可以享受其需要的公费医疗。甲方在工地现场设立卫生所为乙方人员医治疾病。

第十二条 劳保用品

乙方人员在现场的一般劳保用品,包括工作服两套、工作鞋两双、眼镜、手套等由乙方负责供应。甲方支付乙方每人每月10美元,加入基本工资内。甲方负责提供安全帽、安全带和特殊工种需要的劳保用品,如高压绝胶鞋、手套及其他需要的劳保用品等。

第十三条 支付办法

13-1 除准备费全部支付美元外,根据L国法令乙方有权将工资中90%的美元汇到中国银行营业部,账号为XXXXXXXX,汇费由甲方承担。

如果L国政府管汇情况有变动时,甲方确保将最后一个月工资的90%以美元支付。

13-2 乙方现场会计月末编制乙方人员工资名单及各项费用表,包括基本工资、加班工资、伙食费等科目,经甲方审查后于次月10日前支付给乙方。

13-3 休假工资和应付给乙方人员的休假单程机票费,应于休假当月之初支付。

13-4 美元与L国第纳尔折算,按支付当天L国政府银行公布的买卖中间价折算。

13-5 乙方人员到现场后,甲方预支每人一个月的伙食费,如需预支其他费用,由双方现场代表协商尽力解决。

第十四条 住房和办公用房

14-1 甲方免费按下列标准提供乙方人员住房:
(1)代表、工程师、会计师每人一间;
(2)医生、翻译、其他管理人员两人一间;
(3)其他工人四人一间。

14-2 住房内包括空调及卫生设备、家具、卧具和洗衣设备等。

14-3 乙方管理人员所需办公室的电话、打字机、复印机和办公用品等由甲方提供。

第十五条 人员替换

15-1 乙方应选派技术合格、身体健康、符合合同要求的人员到L国现场工作。有不合格者经双方现场代表协商同意后,由乙方负责替换,其费用由乙方负责。

15-2 乙方人员如违反L国政府法令和不尊重当地风俗习惯而必须送回中国的,经双方协商决定后由乙方负责机票费送回北京。

15-3 乙方人员因疾病、工伤、经甲乙双方指定的医生证明确实不能工作者，送回中国的旅费由甲方负担。

第十六条 不可抗拒

由于天灾、战争、动乱、政治事件等人力不可抗拒的事件而不能继续工作时，甲方应负责将乙方人员送回中国。根据甲方要求，乙方人员不能撤退时，甲方应确保乙方人员人身安全和支付乙方人员工资。

第十七条 争议及仲裁

17-1 双方在执行合同中发生争议时，应通过友好协商调节解决。如协商无效，可提交被告方的仲裁机构解决：

乙方是："中国国际贸易促进委员会对外经济仲裁委员会"

甲方是：西班牙商务部

17-2 争议一经裁决，双方必须忠实履行，产生的费用由败诉方负担。

第十八条 合同有效及其他

18-1 本合同于XXXX年XX月XX日在北京签订。双方签字之日起生效，至工程结束乙方人员返回中国，双方账目结清后失效。

18-2 本合同与附件一的内容，任何一方不得向第三方泄露。

18-3 本合同用英文书写，双方各持一份，具有同等效力。

18-4 本合同未尽事宜，双方可随时友好协商进行补充，经双方统一的补充条款即为本合同的组成部分。

西班牙国际建筑有限公司

中国某建筑工程公司

XXXX年XX月XX日抄正

附件一：

劳务人员基本工资表

序号	工种	月工资（美元）	序号	工种	月工资（美元）
1	代表	1400	14	瓷砖(地面)	400
2	工程师	1200	15	卡车司机	400
3	工头	700	16	推土、压路、平地司机	400
4	医生	800	17	铲车司机	400
5	会计师	800	18	砌筑工	380
6	管理员	600	19	抹灰工	380
7	厨师	450	20	混凝土工	360
8	翻译	400	21	普工	340
9	钢筋工	420	22	厨师助手	340
10	大理石铺砌工	420	23	水泥方砖铺砌工	400
11	水暖工	420	24	油工	380
12	电工	420	25	木工	400
13	起重机司机	420	26	翻斗车司机	400

附件二：

劳务人员数量表

序号	工种	数量(人)	序号	工种	数量(人)
1	代表	2	13	瓷砖(地面)	16
2	医生(外伤科)	1	14	水泥方砖铺砌	4
3	翻译	4	15	大理石铺砌工	7
4	会计师	1	16	油工	18
5	管理员	1	17	起重机司机	5
6	厨师	3	18	木工	22
7	厨师助手	3	19	翻斗车司机	2
8	工头	11	20	卡车司机	17
9	抹灰工	79	21	铲车司机	4
10	钢筋工	15	22	普工	143
11	混凝土工	12			
12	砌筑工	60		合计	430

双方一致同意，生产人员的大致数量和第一批派遣人员确切数量将在本合同签署后两周内由甲方电告乙方加以落实。其余几批人将由甲方在其出发前两个月提前通知乙方。

劳动合同补充说明

西班牙国际建筑有限公司于XXXX年XX月XX日至XX日来京，就L国XXX市550幢住房项目，中方提供劳务，同我方商谈。于XX日签订了劳务合同，合同总人数430人(附件二)，工期一年半至两年，平均工资约为550美元/月(未加社会保险费)。

现将劳务合同中有关事宜，补充说明如下。

1. L国入境手续

L国入境手续与别国略有不同，先由主承包人向L国政府申请入境人数、工种，批准同意后，L国人民司法总委员会XXX市护照办公室给予驻中国大使馆书面件，然后由我方在北京具体办理。

据介绍：办理签证时，首先要取得出国护照。中国外交部盖章后，要用英文填写两份申请入境绿色卡片、贴两张照片，并持有医院检查的健康证明书；入境人员必须注射预防霍乱等的疫苗并取得预防注射证。派出人员必须是年满18周岁以上的男性，不得患有肺炎等传染性疾病。第一期派遣的人员数量、工种和整个派遣计划，将由西班牙公司在XXXX年XX月X日电告中方。

有关入境签证的详细情况，可向L国驻华使馆询问，L国大使馆参赞阿里的电话号码是523319，手续具备后，一般可在24小时内取得签证。(附L国政府给予驻华使馆的信件)

2. 支付问题

据西班牙公司介绍：L国政府现行规定，每个外国劳动者可以把自己工资报酬的90%以美元汇往自己所指定的银行和国家，汇出手续是西班牙公司填写每个劳动者的工资收入明细表，再和我们的会计、翻译一块儿去银行办理，汇费由西班牙公司负担。但如果三个月内不办理汇出手续，则按放弃汇出外汇权利办理，支付地方货币。为此，双方商定，为防止L国政府变化，按月结算、按月支付并汇出。因此，准备费不能预先支付,双方商定待我方工人到L国的工作现场后十日内再付。

3. 加班工资

L国政府规定的节假日较多,一年内约有28天。为此,其加班工资标准就不一一细分了。双方商定统一采用中间水平,即平日、夜间、节假日的加班工资均按基本工资的150%计算。西班牙公司打算根据劳动态度发给劳务人员和工作人员一些奖金。

海外部营业处
XXXX 年 XX 月 XX 日

4. 机票

机票由西班牙公司负责购买并提前两周在北京交给我们。途中如有中转,西班牙公司将安排接送。

5. 其他

①司机的驾驶执照需译成阿文经中国外交部盖章去L国驻华使馆签认后,在L国即可办理护照手续。

②中国习惯用的餐饮用具和中药由我方提供并承担费用。

其他详细情况请见合同条件。

阿拉伯L国
人民司法总委员会 XXX 市人民司法委员会
XXX 市护照处
XXXX 年 XX 月 XX 日

劳务入境申请

L国驻北京-中华人民共和国办事处:

如无不妥,请允许西班牙国际建筑公司雇佣中华人民共和国下列劳务人员前往L国人民社会主义民众国。

序号	人数	职业	文化程度	工龄	国籍
略(见合同)					

合计 XXX 人(注:比签订合同的人数多)

同意

姓名:奥斯曼·阿什特维
头衔:中校
职务:XXX 市护照处处长

广西埃赫曼EMD项目中硫酸池槽防腐蚀设计

穆剑英

(中国天辰工程有限公司,天津 300400)

一、项目概况

康密劳远东发展有限公司独资设立广西埃赫曼康密劳化工有限公司,在广西崇左投资建设电解二氧化锰项目。

二、主要工艺流程及工厂组成

本工程以进口软锰矿和低硫煤为原料,各自经干燥粉碎后混合进入并联的两台回转窑进行还原反应生成一氧化锰,部分一氧化锰经包装后作为商品外售,剩余的一氧化锰进入反应器进行浸取反应,浸取后的产物进行压滤除去 Fe/Al 等杂质,电解得到 MnO_2 产品,剥离后的产品用 NaOH 进行中和,除去滞留在产品中的酸,然后进入干燥器中进行干燥经包装出售。

三、建筑设计要点及池槽防腐蚀设计

在以往烧碱项目设计中,我们多次涉及防腐蚀的地面,楼板等的建筑节点设计,可以说已经有一套较成熟统一的设计方法,因此在此项目中防腐蚀设计已经不是难点。但本项目中有16个大型地上贮罐,介质为高温硫酸并伴有搅拌装置。原计划由我院化工机械专业设计为特种合金钢贮罐,由于业主方认为造价过高,希望改为钢筋混凝土贮罐,因此化机专业提出其不负责钢筋混凝土的设备设计,几经同项目经理、设计经理的讨论,结论是由建筑、结构专业负责设计。这种高温并伴有搅拌的硫酸贮罐的设计是我们专业以往没有接触过的,因此专业内部进行了大量的方案讨论并接触了一些国内较优秀的防腐蚀厂家,了解了相关的一些成功经验,向业主提供我院的详细设计。

四、腐蚀介质性质如下

表1为工艺专业提出,我们了解到主要介质为硫酸,并有近90℃高温。

水泥贮罐内介质   表1

Equip. Item	Dimension	Medium	Remark
V205	16000×12000×5000	Spent liquor(H_2SO_4:3.78%, $MnSO_4$:12%, Others: balance)	
V206a~e	ID5000×6200	Leaching liquor[H_2SO_4:1.13%, $MnSO_4$:14.39%, $Fe_2(SO_4)_3$:0.74%, Others: balance]	With agitator
V207	ID5000×6200	Leaching liquor[H_2SO_4:1.13%, $MnSO_4$:14.39%, $Fe_2(SO_4)_3$:0.74%, Others: balance]	With agitator
V211a	ID5000×6200	Filtrate(H_2SO_4:1.17%, $MnSO_4$:14.8%, NaHS:0.04%, Others: balance)	With agitator
V211b	ID5000×6200	Filtrate(H_2SO_4:1.17%, $MnSO_4$:14.8%, NaHS:0.04%, Others: balance)	With agitator
V212	ID5000×6200	Filtrate liquor(H_2SO_4:1.17%, $MnSO_4$:14.8%, Others: balance)	With agitator
V301	20000×12000×5000	Electrolyte(H_2SO_4:1.16%, $MnSO_4$:14.8%, Others: balance)	
V303a1~a27	6940×1900×1950	Electrolyte(H_2SO_4:3.78%, $MnSO_4$:14.8%, Water)	
V304a1~a27	6940×1900×1950	Electrolyte(H_2SO_4:3.78%, $MnSO_4$:14.8%, Water)	

防腐蚀池槽选用参考
表2

腐蚀性等级	池槽侧壁和底面		钢筋混凝土顶盖的底面
	储槽	污水处理池	
强	1.耐酸砖面层 2.花岗石面层 3.玻璃钢复合面层(不少于5层布的玻璃钢加300μm厚的玻璃鳞片涂层) 4.玻璃钢面层(布毡混用,不少于5层) 5.水玻璃混凝土面层	1.耐酸砖面层 2.花岗石面层 3.玻璃钢复合面层(不少于3层布的玻璃钢加300μm厚的玻璃鳞片涂层) 4.玻璃钢面层(布毡混用,不少于3层)	1.玻璃钢面层(不少于3层布) 2.玻璃钢面层(布毡混用,不少于2层) 3.玻璃鳞片涂层(厚度不小于300μm)
中	1.玻璃钢复合面层(不少于3层布的玻璃钢加200μm厚的玻璃鳞片涂层) 2.玻璃钢面层(布毡混用,不少于3层)	1.玻璃钢面层(不少于3层布) 2.玻璃钢面层(布毡混用,不少于2层) 3.玻璃鳞片胶泥(厚度不小于2) 4.厚浆型防腐蚀涂料(厚度不小于300μm)	1.玻璃钢面层(不少于2层布) 2.玻璃鳞片涂层(厚度不小于200μm) 3.厚浆型防腐涂料(厚度不小于200μm)
弱	1.玻璃鳞片胶泥(厚度不小于1.5) 2.厚浆型防腐蚀涂料(厚度不小于300μm) 3.聚合物水泥砂浆(厚度20,有隔离层)	1.玻璃鳞片涂层(厚度≥200μm) 2.厚浆型防腐蚀涂料(厚度≥200μm) 3.聚合物水泥砂浆(厚度20,无隔离层)	防腐蚀涂层(厚度≥150μm)

五、其他使情况

罐顶深入罐底部有电动搅动浆叶,增加了对罐内部防腐蚀面层的作用力。

六、《建筑防腐蚀构造》98J333(二)相关的数据及适用节点(表2、图1、图2)

◆ 地上槽应高出地面不小于300mm。
◆ 地上槽与地面连接同踢脚板。
◆ 地下部分根据地下水位和腐蚀情况,分有外防水和无外防水之分。
◆ 地上槽下部应考虑检查人员进入检查。

七、使用的防腐材料

经充分的市场调查,为了工程质量的可靠性、安全性,我们采用了德国汉高(Henkel)公司的防腐蚀产品。防化学品腐蚀(即重防腐)是汉高公司防腐产品的特点,产品囊括了所有的耐腐蚀树脂:环氧树脂、聚氨酯树脂、乙烯基酯树脂、不饱和聚酯树脂、酚醛树脂和呋喃树脂。耐酸砖为德国Gail砖,尺寸为

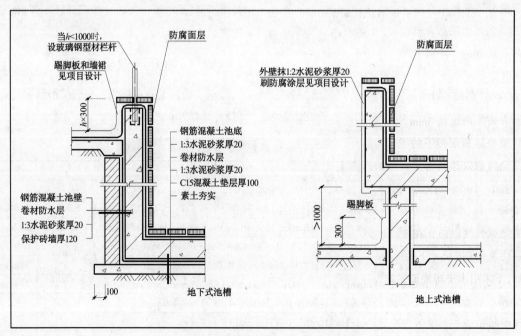

图1 建筑防腐蚀构造设计—防腐蚀池槽

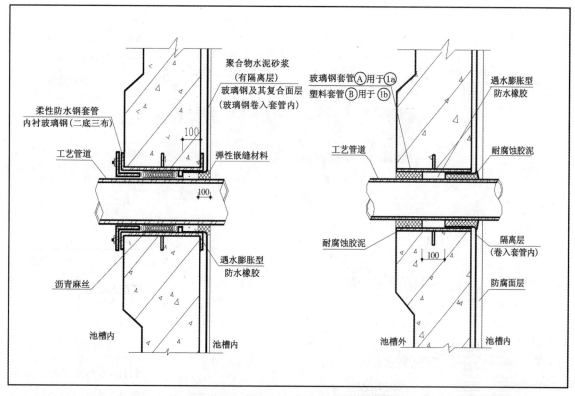

图2　建筑防腐蚀构造设计-防腐蚀池槽穿管

240×115×18。混凝土内壁内衬施工做法如下：

1）对所有混凝土表面进行基层处理后涂装汉高双组分环氧树脂底漆。

2）罐顶采用汉高含玻璃鳞片的酚醛环氧树脂系统两道共2mm。特别注意通道及管道入口的涂装。同时需延伸涂装至罐壁竖直面150mm处。

3）在罐底面及罐壁竖直面涂装汉高弹性聚氨酯沥青薄膜两道共3mm。注意在竖直面顶端，该材料要将罐顶延伸下的150mm高的酚醛环氧树脂完全覆盖以达到密实效果。特别注意管道口及平面竖直面交接处的涂装。

4）罐的地面铺设两层防酸砖，并且需要将整个底部做出圆弧度以防止在使用过程中出现砖的突起及断层现象。在该尺寸下的储罐，尤其是有搅拌过程的储罐，不采用水平罐底而是圆弧度基地。

5）罐的底面及四周铺设防酸砖。特殊部位将采用特殊形状的砖。科学的衬砖系统会使砖的受力均匀，保证长效使用。立面上所有罐口也采用相应的防

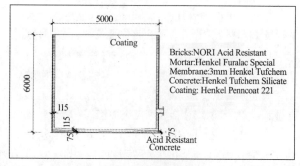

图3　铺贴简图

酸内衬砖。

6）地面第一层砖镶嵌在胶泥上，并且采用酚醛环氧胶泥作为勾缝。底部第二层砖及立面砖的铺设均使用酚醛环氧胶泥作为基底胶泥及勾缝胶泥（图3）。

八、使用效果

现场依据《建筑防腐蚀构造》98J333（二）中地上槽相关节点及我院提供方案施工贮罐，设备运行效果较为理想。

企业管理

浅析中国大中型建筑施工企业的技术创新

杨莹

(中国社会科学院工业经济研究所，北京 100836)

　　科技的进步与创新推动经济与社会的发展。经济学家熊彼得在他的《经济发展理论》中将创新定义为"建立一种新的生产函数，实现生产要素和生产条件的新组合"。他将创新活动归结为五种形式，简而言之即：制造新产品；采用新生产方法；开拓新市场；获得新供给来源；实行新组织形式或管理方法。

　　熊彼得之后，经济学家们在发展创新理论的过程中将创新又分为技术创新与制度创新。其中，广义的技术创新包含五种形式中的第一、二、五种。事实上，是否将组织和管理类创新归入技术创新在学术界一直存在争议，有的学者就将管理单列一项，与技术、制度并列。但是，本文的讨论是将管理类创新归入技术创新的，即技术创新包括纯粹的技术方面的创新及企业组织管理方面的创新。因此，于建筑施工企业而言，技术创新包括如下几个方面。一是生产技术即建筑施工技术的创新，如使用新的机械设备，提高作业的自动化、智能化从而提高效率；又如开发新的工艺技术，在施工的具体过程中使用新的、科技含量高的作业方法。二是新材料的开发应用，企业在施工中使用新材料、特种材料，达到更加坚固、环保、节能等各种要求。三是组织管理方面的创新，如企业为适应市场对自身结构进行变革；又如在工程的项目管理方面进行改进，在管理过程中运用办公自动化、互联网采购、计算机辅助建设等信息技术提高项目管理水平。

　　对于单个的建筑施工企业而言，技术正是它的核心竞争力，在激烈的市场竞争中，唯有不断进行创新，拉开与其他企业的技术水平差距，方可立于不败之地。对于建筑业而言，企业进行技术创新，研制新机械设备、开发新工艺流程、使用新材料，能够在竞争中提升整个行业的工艺水平和生产效率，保证行业的可持续发展。对于整个社会而言，其和谐发展对于建筑施工企业的要求也正体现在技术创新中——环保、节能、系统化的思想指导着创新的方向。由此可见，建筑施工企业的技术创新无论是对企业、行业还是社会而言都是十分重要的。

　　通常而言，在建筑行业，大中型企业对技术创新的兴趣更为浓厚，在其组织中技术创新的体系也更为完备和具体。这与大中型企业自身的雄厚实力和发展远见有关。因此本文将讨论主体定位在大中型企业。在中国，这些企业的技术创新取得了一定的成就，但是总的来说进展比较缓慢，还存在各种各样的问题。

一、现　状

　　根据中国施工企业管理协会的统计，近年来，我国建筑类专利技术授权数、公开发表的国家级工法数，以及被国外主要检索工具收录的我国科技论文中土木建筑类论文数呈现了逐年增加的态势。建筑施工领域的专业技术人员人数和科技经费的绝对值在统计的国内全部行业中也处于中等偏上的位置。但是，与国际建筑业先进水平的科技指数及发达国家对建筑技术创新的投入相比，这些还相差甚远。

　　目前我国大中型建筑施工企业的技术创新存在的问题可以从企业内部与外部两个方面来分析，即企业自身及所处外部环境。

1.企业内部

　　在企业技术创新与开发过程中，最为重要的便是资金与人才。而在我国建筑施工企业中，研发资金投入不足、技术创新人才缺乏的现象是较为常见的。

一方面,我国建筑业供给总量过剩,呈现出过度竞争的状态,激烈的市场竞争往往会造成企业的短视,只注重成本管理而缺乏对技术创新的长远考虑;同时竞争可能导致企业陷入价格战的恶性循环,再加上为了接揽工程进行的垫付,自有资金短缺的企业非但抽不出充裕的资金进行研发,反而可能挪用、挤占技术开发费用。这都使得企业对技术创新的资金投入不足。

另一方面,目前我国的建筑行业仍属于劳动密集型行业,从业人员绝大部分是文化水平不高的体力劳动者,从事技术开发的技术人员比例十分低下。同时,教育机构、科研机构、企业之间缺乏有效的沟通、研发方向的脱节也造成了实践创新型人才的紧缺。另外,企业本身不重视技术创新、缺乏有效的激励措施,也导致了人才的流失和断层。这些共同造成了技术创新人才缺乏的现象。

2.企业外部

一直以来,我国的建筑施工过程都被划分为由不同主体完成的各个阶段,设计、施工、验收可能由不同的部门来实施,即一个完整的项目可能有几个实施主体。这几个主体之间如果出现信息沟通不顺畅的情况,就会导致在单一部分形成的技术创新成果难以得到及时的应用,还可能在不同部分出现造价上的冲突。这种条块分割也提高了从技术创新到实践应用的成本,在某种程度上抑制了技术创新。

在企业的外部环境中,政府可以说是监管者和引导者。但从我国现状来看,政府的监管和引导作用并没有得到有效的发挥。政府在建筑行业领域的政策制定与执行都运作缓慢、相对滞后。在推动建筑业技术创新方面,政府只提出了框架性意见,在具体条款如贷款、奖励、减免税等方面没有更详细的说明。这也导致了鼓励创新的政策措施在许多企业都落实得不到位。同时,政府在技术创新基础设施建设方面的投入也偏低。此外,由过度竞争引发的种种市场失灵现象也需要政府通过产业调整、法规整治等加以治理,但在这方面,政府的举措收效甚微。

综合上述现状分析可见,企业内部的研发资金不足、创新人才缺乏及企业外部的过程条块分割、政府引导不足共同构成了大中型建筑施工企业技术创新所面临的问题。事实上,在建筑业技术创新过程中,企业和政府占据着重要的地位,这二者与研究机构及一些辅助机构一起构成了技术创新的体系。

二、体 系

如上文所言,整个技术创新的体系可以分为四个部分。它们分别是作为创新主体的企业;通过创建机制、制定政策进行引导和监管的政府;进行各种基础和应用研究的研究机构,如大学、研究所;以及其他辅助机构,如提供金融支持的金融机构、提供其他服务的中介服务机构等。

这个技术创新体系是以企业为中心的。企业在政府的引导下,在市场环境中,与研究机构合作,获得其他辅助机构的服务支持,自主进行技术创新。在企业之外的其他三部分中,又属政府的作用最为突出,它通过规范市场、调整产业、投入资金等方式从各方面引导和促进企业的技术创新。我国建筑业创新现状中存在的问题也主要集中在企业和政府两个方面。

美、日、英等发达国家的建筑行业已十分成熟,在ENR评选的全球建筑企业225强中,这些国家每年都有大批建筑施工企业名列前茅。具有国际先进水平的施工企业们通常都具有强烈的技术创新意识,同时,它们所在国家的政府也通过施行一系列有效的举措来支持创新。这些企业和政府的经验可以为我国提供借鉴。

三、国际经验

1.企业

说到对技术创新的重视及取得的成就,恐怕最值得称道的便是日本的建筑施工企业了。例如,鹿岛建设公司设有全公司性的完备的技术开发体制,以技术研究作为工程建设活动的中枢。它较早地设立了公司直属的建筑技术研究所,提供优越的研发条件供众多专家进行建筑材料及工程技术方面的创新研究。鹿岛对创新的资金投入巨大,同时全公司有半数以上的职工都是建筑土木方面的专业人士。

清水建设公司也设有专门的技术研究所,在建筑施工的各领域进行了广泛的探究。它每年都会作出技术发展规划,针对市场需求不断开发创造出新的技术,同时进行长线的技术研究,并不盲目追求短线利益。清水还非常注重技术人员的需求,通过提供丰厚的待遇和宽阔的发展空间等对其创新活动进行鼓励和支持。

美国的柏克德公司(Bechtel)结合建筑设计和施工进行技术创新。它在澳大利亚、加拿大、印度和美国都设有设计中心，拥有众多工程师，方便进行设计与施工的协调。其采用的工程总承包形式方便公司进行整体的技术创新和成果应用。柏克德公司的主营业务中含有对危险废弃物的处理，这也促使它通过不断的创新改进施工技术、提高科技含量，从而提高竞争能力。

英国的鲍弗贝蒂公司(Balfour Beatty)采用了比较新颖的模式进行技术创新。它设立了一个创新论坛，鼓励一线经理们在论坛发表自己的想法和创意，并推广应用。这种方式将创新融入到公司的日常工作当中，取得了良好的效果。其他的国外大中型建筑施工企业，如日本的日挥、奥地利的斯特拉巴格(Strabag)、美国的凯洛格·布朗·路特(KBR)等，也都设有独立的负责技术研发的机构。它的名字可能是中心技术部或研究所或是研发中心，但实质都是为众多的研发人员提供资金和场所进行技术创新。

2.政府

美国政府制定了众多有利于建筑企业技术创新的政策。它保护了市场经济下建筑行业的自由化贸易，投资于创新研究，并通过普及科技教育提高公众参与技术创新的积极性，培养更多的技术创新人才。它协调建筑企业与大学之间的合作关系，支持建筑企业间的技术合作，通过建造电子商务的基础设施来鼓励企业进行高效的网上技术交流。由此，美国政府促成了一个创新企业群体，这个群体中包含高质量的专业人才和雄厚的研发资本，故而能够进行持续的技术创新。

英国政府对建筑业技术创新的支持是通过设立多种资金计划来实现的。例如，它设立了建筑企业研究援助计划，为有一定经济实力和技术实力的建筑企业提供创业基金以帮助其进行技术创新的风险研究。它还设立了旨在促进建筑企业与大学进行合作的赠款基金，为获得赠款，企业必须与大学联合开展研发、均分款项。英国政府还投入大笔资金实行建筑业科技创新培训计划，培养出大批创新人才。

日本政府实施的日本建筑企业创新调查计划是由公共机构资助建筑企业进行技术创新。建筑企业接受研发资金后，对技术创新项目进行详细的可行性论证与风险性评估，选择可行性高、回报率高的项目进行开发。同时，日本政府也大力推行技术转让计划，鼓励大学和研究所将拥有技术转让给企业，同时鼓励这二者合作进行技术研发。它还对技术创新资金采取了税收优惠政策，这大大鼓励了建筑施工企业的技术创新。

国外成功建筑施工企业多重视创新、设有独立的研发机构、保有充足研发资金投入和高技术人员比例；而发达国家政府则制定有利于创新的政策、设立援助资金、投入资金进行创新基础设施建设并协调企业与研究机构的关系。这些经验对促进我国大中型建筑施工企业的技术创新带来了一定的启示。

四、启　示

综合第一部分的现状分析、第二部分的体系说明以及第三部分的国际经验，我们可以从企业和政府两个方面对促进建筑业技术创新提出建议。

我国大中型建筑施工企业首先应该树立创新意识，建立以自身为技术创新主体的思维方式，重视技术创新，保证对创新的资金投入。其次，企业应该营造鼓励创新的文化氛围，加强对技术人员的培养及激励，通过提供优良的待遇、培训以及职业规划来构建创新平台，激发科技人才创造的积极性。最后，企业应加强与大学、研究所等机构的合作，通过产学研联合加快创新成果向实践的转化。

我国政府首先应该为企业技术创新营造一个良好的大环境，从法律和政策的角度给予扶持和帮助，如制定具体的优惠政策、加快对企业实行工程总承包的规范和认证、设立各种技术创新扶助资金、推动其他公共机构提供创新资金等。其次，政府应当在现有国家科技计划体系中扩大对施工技术、尤其是建筑行业共性技术的开发，并加大对创新基础设施建设的投入。政府还应增加对科技教育的投入，创造技术创新的社会基础氛围。最后，政府应该协调建筑企业与各研究机构及企业之间的关系，促进它们的相互交流与合作，从一个引导者的角度鼓励技术创新。

综上所述，我国大中型建筑施工企业应该重视技术创新、保证资金投入、注重技术人员培养和激励；我国政府应从政策角度扶持和鼓励技术创新、加大基础投入、营造创新氛围；同时，无论从企业自身还是政府角度，都应该注重与研究机构的合作交流，形成和谐的创新体系。唯有这样，才能够实现建筑业的不断创新，保证行业的可持续发展。

企业管理

论国有特大型建筑施工企业技术体系建设及其有用性构成

邓明胜

(中国建筑股份有限公司·海外事业部，北京 100125)

摘　要：施工企业技术体系建设是建设领域内广大工程技术人员和企业各方共同关注的话题。完善的技术体系对技术人才的培养和工程质量的保障、工程建设的支撑等都起到了良好的作用。然而，随着企业改革进程的加快，部分企业却出现了弱化技术体系的现象，以至于不愿意从事技术工作的人员逐年增多，长此下去，必将对企业发展带来不利的影响。本文即以国有特大型建筑施工企业为对象，探讨其技术体系建设及其有用性构成，以期为更多的建筑施工企业提供一个良好的借鉴。

关键词：建设领域，国企，施工企业，技术体系，有用性

1 引子

30年前的1978年，小平同志在全国科学大会上精辟地阐述了"科学技术是生产力"的马克思主义观点，强调指出："四个现代化，关键是科学技术现代化。没有现代科学技术，就不可能建设现代农业、现代工业、现代国防。"随后在20年前的1988年又进一步指出"科学技术是第一生产力"。30年来，在党中央、国务院和各级政府的正确领导与指引下，各行各业都取得了丰硕的成果；建设领域也不例外，在科学技术强有力的支撑下，水立方、环球金融中心、央视新台址等一个又一个高难度的建筑物在中国大地拔地而起。这其中，有广大工程技术人员的辛勤劳动，也有不断完善之技术体系的保障。

然而，央视新台址、环球金融中心、水立方等高科技含量的项目毕竟只是极其罕见、极具代表性的工程。在这类项目中，人们的积极参与和企业为其提供包括健全的技术体系等在内的各种保障，自是理所当然。但在另外众多"一般"工程、"一般"施工企业中，无健全的技术体系、不重视技术岗位、不愿从事技术工作的"怪"现象却日益严重，大有蔓延之势；这种现象，实在令人堪忧。曾几何时，令人羡慕和向往的工程师职称、工程师职业，在他们那里正在被冷落和荒疏。技术工作、技术岗位面临着"说起来重要、做起来次要、忙起来不要、出了问题再要"这种尴尬现象的挑战。

伴随"深入学习实践科学发展观活动"的开展，面对国际、国内建筑市场的发展变化和施工企业技术工作现状，逐步理顺关系，建立、健全技术体系，吸纳、留住并培养工程技术人才，是企业和工程技术人员共同的责任！

由于建筑市场的科技成果以及企业技术管理体系在很大程度上具有较强的"可复制性"，加之国有特大型建筑施工企业在行业中显著的引领作用；因

此,针对国有特大型建筑施工企业研究并形成一套完整有效的技术管理体系,对于其他各种类型的建筑施工企业亦将具有不可忽视的指导作用。同时,健全的技术体系,也是技术工作得以正常开展并获得成果的基本保障。那么,如何建立一个技术体系?建立一个什么样的技术体系才能被企业乃至社会各界所广泛认同?结合目前建筑市场及各企业以经济建设为纲的具体情况,本文提出以"有用性"来具体衡量技术体系的建设工作。

有用性,其对应的英文翻译为"serviceability",在《现代英汉大词典》里对"serviceability"的定义包括五层意思,分别是:

操作的可靠性、使用的可靠性、适用性、耐用性、操作性能、功能及维护保养的方便性等。为此,本文权且以"serviceability"作为"有用性"的定义。那么,技术体系的有用性,就应该体现在技术体系运行中的针对性、适用性、可靠性、耐用性、和便于根据企业发展而调整、更新的"维护保养"上的方便性。

以上种种,是为本论文选题之初衷。

2 从木桶理论看企业各组成系统构成

美国管理学家彼得提出的木桶原理,应用场合及范围越来越广泛,已由一个单纯的比喻上升到了理论的高度。这由许多块木板组成的"木桶"既可象征一个企业、一个部门、一个班组,也可象征一个员工,而"木桶"的最大容量则象征着整体的实力和竞争力。

从企业内各部门、各体系的构成状况看,其每一个部门(系统)即相当于"企业木桶"的一块木板,每块木板的长短对企业的竞争力均有贡献,但其总竞争力却取决于其中最短的木板,即木桶原理中运用最多、最广的"短板理论"(图1)。技术、商务(或经营)、财务、政工、行政、项目管理等是一个成熟的建筑施工企业所必备的各业务系统。新中国自1949年建国之后很长一个时期内,建设领域中大学生少,工程技术人员更少,技术系统是企业的短板,被企业内外各界甚至全社会高度重视。改革开放后,在市场经济的冲击下,企业由计划经济向市场经济转型,首先得依靠企业竞争力去获取任务,于是经营(商务)系

图1 企业内部系统构成与木桶原理之短板理论

统应运而生,并作为企业短板被高度重视。当工程完工后拖欠款比例逐年加大、金融投资概念逐渐在施工企业内兴起、房地产投资逐年在施工企业内实施、"上市"之风日盛之时,财务系统就自然而然地成为企业短板并得到企业管理当局高层、尤其是最高决策者的高度重视……

由此可见,不同时期随着企业内、外部条件的不断变化,企业的短板亦在相应改变。同时,无论哪一个体系,一旦被视为企业发展的短板,即会受到企业甚至社会各方面的广泛关注和优待,并在该关注和优待的具体作用下从弱到强,逐步成长为企业发展的重要支撑,企业亦在这些短板部门或体系的不断循环改进过程中逐渐成熟。

正如木桶是由多块木板构成一样,施工企业也是由技术、合约、商务、财务、政工、行政、项目管理等各子系统(部门)构成的,缺一不可,各系统相互协作、配合,共同完成企业发展目标所赋予的任务。对于一个新企业或不成熟的企业,其各方面资源尚不充足,常以推动眼前工作为主要出发点,顾此失彼现象还比较严重,往往能较直观地反映出其短板所在(比如:技术力量不够等)并加以改善;而大型和特大型国有建筑施工企业,是经过多年的磨合与调整后发展起来的成熟企业,其各类体系或部门犹如成品木桶的长度相似或相等的木板;技术体系(部门)即是其中之一,现阶段,不同国有大型施工企业结合自身不同情况,主要设立有科技部(处)、技术部(处)或工程技术部(处)等主管科技工作的机构。

3 企业组织构架中各组成系统的重要性判定

经过多年发展壮大、由众多系统(部门)组成的国有特大型建筑施工企业,其各部门是否重要、是否

需要加强或削弱,不能简单地定论。而应在编制既定(即"长度"统一)的条件下,以实现企业战略目标为出发点(类似于满足木桶拟装水量的多少)研究其构成系统的能力[犹如审视木板的"宽度"、"厚度"和"材质"(铁板、铜板、铝板)]等因素后加以综合确定。

3.1 企业组成各系统(部门)的"综合重要性"及现状

企业组织机构中各构成体系和部门,从理论上来说都应具有同等重要性,即具有"均衡重要性"或"综合重要性"。主要体现在不能出缺:既不可空缺,亦不可短缺,否则就会出现机构设置时的短板现象。

其区别可以根据部门或体系的目标设定及工作职责划分,反映在岗位人员的定编多寡上。

然而现实中,各构成体系或部门的力量强弱、人员多少及其在企业中的地位重要与否却往往取决于领导任期目标责任的实现、部分本位主义的官场运作等,致使系统配置平衡比例失调、人员积极性和创造热情受挫、人浮于事与人手短缺现象共存。

3.2 以实现企业总体目标为出发点对系统重要性的判定

企业战略目标总是结合市场变化不断地循环改进并提高,故此,不同时期其所需要的资源支持重点亦会随着改变。无论什么目标,其最终实现仍必须分解到围绕着一个个具体项目而展开。而每个项目的实施,或者说每个分解目标的实现,都需要企业组织架构中各构成系统(部门)的有机配合,缺一不可(图2)。

图2 项目或企业运行的实施主体构成

从企业整体目标出发去评判一个系统(或部门)的重要性,以有效地消除系统(部门)自我从"本位"出发去判定的弊端。由企业领导层决策并带动企业全体职员付诸实施,以求运用企业有限的资源去推动和实现更大的目标。上节说过:根据企业发展目标制定的组织构架所含各构成系统(部门)均同等重要,运行中无需也不能厚此薄彼,唯一需要把握的是按照其职能(由企业总目标分解确定)描述逐项贯彻落实。也就是说,系统(部门)的重要性判定存在于组织构架制定之前,而非之后;凡是需要的也就是重要的系统(部门),即在机构制定之时综合评判后纳入企业大系统的构成之中。

但在具体实施过程中,作为企业领导(层),应时刻关注市场环境的变化和企业目标的修订及各系统(部门)的运行情况,并指导或督促各系统(部门)沿目标方向行进。须知:优秀的团队应是相容相吸互补的,体现出一个完美的整体,孕育着极大的内部力量,具有深邃的创造性(图3-I)。而局部中的损害或"腐朽"一定会影响整体目标的实现,去旧换新或者修旧如新完全必要(图3-II)。并且素质的参差不齐,势必会导致整体目标和利益受到损害(图3-III)。为此,必须对这些部位特别关注,以免形成新的短板效应。

图3 局部的瑕疵若得不到及时处理就可能形成新的短板效应

为保证判定结果有效并具有针对性,可以从"有用性"和"影响性"两个侧面去展开。

◆凡于调整后的目标实施有特别推动力的系统(部门或人员及工作)应有侧重(有用性判定);

◆凡对企业目标实施会拖后腿的系统(部门或人员及工作)也应有侧重(影响性判定)。

实施过程中还应特别注意避免在某一个环节出现突然或急速"撤火"的现象,即将一个曾经非常受重视的系统(部门或人员及工作)一下子晾在一边不

企业管理

图4 不当的措施

闻不问,甚至任其"自生自灭"。这其中,最敏感的是无形中取消其相关激励措施(图4)或快速抽调其骨干人员、裁并其部门等。

3.3 从资源的稀缺性出发对系统重要性的判定

无论是企业规模扩大还是系统(部门)中有职员流失,都存在及时补充人力资源的问题;对于科技含量较高、培养困难或培养时间较长、岗位相对较清苦以及只有很少人员掌握其技能的专业和岗位的职员,都应该是属于"稀缺"资源。对于这些稀缺的人力资源,企业(领导层)必须给予足够的重视,并从企业文化的高度去引导企业全体员工给予该领域从业人员和岗位以足够的重视;即在企业均衡重要性的基础上赋予其特殊的重要性。

3.4 赋予技术系统(部门)及其岗位以特殊的重要性

技术系统,曾经作为企业发展的短板而得到企业内外各方面的高度重视。近年来,虽不至于再次沦为短板位置,但所受重视程度却渐有降低。出现这种现象,不同企业有不同的具体情况,归结起来,主要表现为:

◆建筑工程的特点决定了其通用技术具有较高的可复制性,很少能够运用专利保护等方法来限制其他企业的引进使用,一旦有"新技术"出现,其他施工企业便可以很快地模仿运用,甚至衍生出更新技术而在市场上以同样方式流转、派生和使用;

◆具有像央视新址、上海环球金融中心这类高技术含量的项目不多,绝大多数工程项目运用常规技术(方法)即可指导工程施工顺利实施;

◆技术成果的开发或集成创新具有较长的周期,需要较多的时间、资金和人力资源投入,短期内难以显现成效;

◆建筑工程的技术工作,是一项理论性和实践性均很强的工作,其有效的开展,需要其从业人员(各类工程技术人员)长期坚持不懈的努力;

◆新"短板"的产生,打破了原有的资源配置平衡状态,削弱了技术工作的受重视程度。

这些现象的出现,又从另一方面凸显了技术工作(引申到技术体系)及其岗位的重要性:

◆如果每一个企业都不去开发新技术,久而久之,整个行业的技术水平就会处于停滞不前的状况;

◆如果没有新技术的支撑,就不可能有央视新台址、环球金融中心等项目的顺利实施;

◆如果没有长期系统的科技投入,就不可能在需要时获得必要且必须的技术支撑。

对于一名土木工程或相近专业的大学毕业生,其毕业后,往往需要经过至少2~3个甚至更多的工程实践锻炼成长,将理论知识与各类实际问题相互对应,之后才能举一反三,成为可以独立解决工程技术问题的一方面专业技术骨干;而这2~3个工程经历,少则需要3~5年,多则需要8年、10年,甚至更多的时间和机会才能完成,可见,"百年树人"在企业培养合格工程技术人员方面的直观体现。

经过2~3个工程经历锻炼培养出来的工程技术人员,既可以走技术工作的专家型人才道路,也可以向合约商务、项目经理等方向逐步转行(从而为相关领域提供人才储备),走复合型人才道路。甚至,也可以走单一技术领域的专家型道路,还可以走通晓各类专业技术的复合型专家道路。其可以选择的领域(道路)很宽,对企业和社会所能作出的贡献亦很大;只要企业(领导层)给予足够的重视,就能为其成长奠定良好的基础。

所以,赋予技术系统(部门)及其岗位特殊重要性是优秀企业家的战略眼光所在,是企业保持长期优势地位的明智选择。

4 国有特大型建筑施工企业技术体系的建设

对于一些中小型施工企业来说,其技术体系建设未必是必须;不同性质的施工企业,其技术体系构成亦存在着较大的差别;然而,对于国有特大型建筑施工企业来说,其技术体系建设不但必须,并且还要得到有效运行。

4.1 历史赋予国有特大型建筑施工企业技术体系的特殊使命

1949年新中国成立后,中国在很长一个时期内所采用的建设管理模式都来自于前苏联,国家除具有质量验收规范之外,还有施工及验收规范,每一个施工企业,无论大小都可以并必须遵照相应的施工及验收规范组织施工;但自从以《建筑工程施工质量验收统一规范》(GB 50300—2001)为代表的2000系列国家建筑工程施工质量验收标准出台起,就将工艺标准的制定交给了各企业,国家不再管工艺,只负责验收。

这一变更,对企业来说,既是机遇也是挑战。机遇体现在可以充分发挥企业的技术优势,提高竞争力;挑战体现在必须时刻保持技术的领先,否则就会失去竞争优势。更重要的是对于新领域、未知领域的施工,将不会再有国家施工验收规范作为施工指导,必须自己完成。

鉴于中小型施工企业本身技术力量薄弱,无法完成这类挑战性工作的现实,相应的新技术开发工作等重任就历史性地落到了国有特大型施工企业的头上。主要的使命包括:

◆引领国内建筑市场科学、健康、持续发展;

◆引领建筑施工企业应对国际建筑市场冲击、竞争;

◆配合政府相关部门规范建筑市场、维护竞争秩序;

◆保障类似于央视新台址、环球金融中心等高技术含量项目的顺利施工(建造);

◆建立科学、有效的企业规范、工艺标准编制流程;

◆主编国家或行业施工技术规范。

4.2 构建国有特大型建筑施工企业技术体系的原则

我国自2001年执行建筑企业特级资质,①2007年又进行了新的调整,"新标准"②除对企业主要管理人员和专业技术人员有要求外,还对企业科技进步水平提出了要求,包括:国家科技进步奖项或主编国家(或行业)标准、国家级工法、专利,科技活动经费支出和必须有省级以上的技术中心等。而认定(审批)省级技术中心的基本条件,也包括科技开发经费投入、科研人员数量等指标,尤其是必须具备不少于3人的专家级人才,对专家的认定,指:至少是具有博士学位或获得国家政府津贴的专业技术人员。

如此系统的考核,目的就是要求企业系统地开展科技创新工作,保证企业技术发展水平和科研能力。须知,一个企业若仅停留在原有状况,将很难获取国家科技进步奖;如果没有围绕工程项目开展系统的科技攻关工作并获得创新成果,将很难有工法、专利,更难以主持编制国家(行业)技术标准;这一切,技术体系是保障,技术中心和相应的技术工作机构(部门)、工程技术骨干是实施载体。为此,技术体系的建立当考虑以下原则:

◆基本要求:满足企业正常的市场经营开拓和施工生产要求(对任何一个企业来说均需满足);

◆发展要求:根据市场发展变化满足企业发展的需求(对有发展壮大远景规划的企业必须满足);

◆社会责任要求:满足带动行业科技进步的需求(包括制定行业或国家规范、定期或有计划地向社会公布企业工法、标准,以及协助政府规范建筑市场等);

◆循序渐进,逐步发展:即首先以绝大部分精力保证企业日常工作正常开展,当有能力后逐渐加大面向企业发展需求和社会责任需求而开展工作的力度。

4.3 组建国有特大型建筑施工企业技术体系的主要工作内容

企业技术体系建设与企业组织机构建设具有同等重要性,好的技术体系将会是企业组织机构的良好支撑。如果说企业组织机构建设相当于确定木桶的板,则技术体系的建设就是规划这块板的宽度、厚度及其材质;其最优的选择是在厚度也一定的情况下,通过改善其材质,最大可能地扩展其宽度;或者通过改善其材质以实现尽可能地薄并尽可能宽。要实现这个目的,其工作包括:

---

①建筑业企业资质等级标准(建建[2001]82号).
②施工总承包企业特级资质标准(建市[2007]72号).

1)前期准备

准备得越充分,规划审批就越顺利,实施就越正常、有效。准备工作主要包括:

◆学习、领会并"吃透"国家(包括所在省、市、自治区及集团上级主管单位)相关科技政策,尤其是针对建设领域的科技政策以及国家宏观发展中投资导向决策所涉及领域的科技发展方向;

◆学习、领会并"吃透"企业发展战略规划,重点掌握企业工作领域规划及其中长期发展目标和构建企业核心竞争力的价值取向;

◆广泛调研相关企业(尤其是竞争对手)有效的技术体系运行情况及对应的资料;

◆重点调研并了解几个受关注的国际特大型承包商的技术体系运行情况及相关资料;

◆企业内部资源情况、分类及可靠性评价。

各项调研资料汇总后应进行甄别,将有效并有用的资料存入数据库备用。其工作流程参见图5所示。

2)体系规划

根据企业发展战略要求,综合各种外部信息后制定企业技术体系建设方案,该方案既要重点考虑企业内部情况,亦应充分结合企业外部环境。

◆首先以满足企业正常的经营开拓和施工生产需求为出发点,这是企业技术体系建设中的重头戏,绝大多数精力应花在这上面,技术体系的"有用性"也更多地体现在这方面;

◆其次,应考虑企业发展需求和社会责任所承载的使命;

◆方案形成后,经企业最高决策层审批通过并投入试运行,以示其重要性和严肃性;

◆试行中,应不断地观察(观测)、收集运行资料,并加以评估改进,当最终完全通过评估、认定后,形成正式的技术体系颁布实施。至此,体系规划工作方告结束。

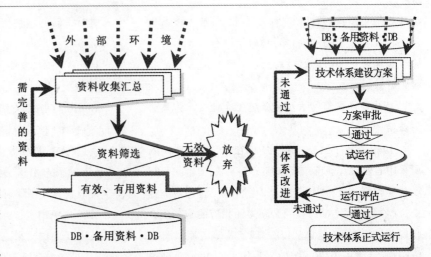

图5 有效、有用资料的形成流程　　图6 技术体系的规划及运行流程

体系规划及形成过程参见图6所示。初步规划时,企业日常经营开拓和施工生产、企业发展需求、企业社会责任三者所占比重,按照70%:20%:10%考虑,步入正轨后再依具体情况进行调整。其对应关系参见图7所示。

体系规划,不仅仅只是形成一个体系框架图,还应根据框架图的指引,形成便于指导操作的具体文字资料(手册),即形成通常所说的"技术管理手册"。其主要内容[①]包括:

◆技术工作中长期目标规划;

◆技术体系构成组织框图(组织机构);

◆各技术管理(实施)机构(部门)的工作职责、岗位设置和职员定编等;

◆面向企业正常经营开拓和施工生产所展开的主要技术工作(投标方案、施工组织设计、图纸会审、设计变更、试验检验、施工测量、技术考核、科技示

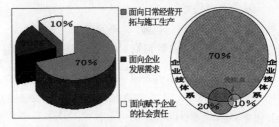

图7 企业技术体系比重分配

---

①建筑工程施工手册(第四版).北京:中国建筑工业出版社,2003.

范、技术总结、工法专利、科技成果等)工作流程和工作要点;

◆面向企业发展需求所开展的技术工作(技术中心与科研开发等)工作流程和工作要点;

◆面向社会赋予企业责任的需求所开展的技术工作(国家或行业规范编制等)工作流程及工作要点;

◆与技术体系运行相匹配的信息化建设工作要点。

3) 体系组建

当体系(方案)规划完成,经批准进入试运行时,即着手进行技术体系的组建工作。包括机构的组建、人员配备和办公环境、办公设施调配等。主要工作包括:

◆发布技术体系运行文件(公告);

◆技术体系实施(试行)宣讲;

◆分层次、分期、分批进行人员调配;

◆网络及办公环境建设等。

4) 体系运行检验

技术体系运行伊始,即跟踪收集(获取)各种信息(反馈),及时将信息反馈资料与体系规划时所预期的效果进行比较,并视情况开展进一步的检查认定工作。主要内容包括:

◆制定并发放信息(反馈)采集表;

◆按照采样标准对各监控点对照检查;

◆对重点环节(工作)进行专项监控;

◆定期与不定期地召开体系运行效果分析(改进)会议。

5) 体系修订完善

根据体系运行检验的情况,适时对技术体系进行修订完善,以确保技术体系运行能够更好地体现出其"有用性"。技术体系的运行是否需要修订完善,主要看下列工作开展的情况:

◆看各种技术文件(指令,包括施工组织设计、方案等)是否能够得到快速、准确的贯彻落实;

◆看技术方案对市场(经营)开拓的支持力度;

◆看技术方案对保障施工安全、提高工程质量、加快施工进度的支撑力度;

◆看基层技术机构及工程项目中的技术难题是否能够得到快速、有效的解决,若基层不能解决,是否

能够快速反馈到上级技术管理部门并尽快得到解决;

◆看工法、专利、科技成果形成的数量和获得认定的层次与等级以及其对维护企业特级资质的贡献;

◆看企业技术中心的运行效果及其围绕项目或企业发展方向所实施的科技攻关工作成效;

◆看科技进步对企业经济效益的贡献大小;

◆看主持国家或行业技术标准编制的数量及颁布发行后的运行效果及其对企业的经营开拓和社会信誉所作出的贡献等。

4.4 国有特大型建筑施工企业技术体系的组成

与企业组织机构模式相似,传统的技术体系也经历过直线式、职能式、直线职能式等,现在多采用矩阵式或者视具体情况多种模式并存。通常,在集团层面上,多采用矩阵式;而在其中相对较小的机构中采用直线式;在中小型项目中则采用职能式或直线职能式等。

在整个技术体系中,通常会由以下子系统(子机构)构成:

◆技术决策管理系统;

◆专家(包括内部专家和外部专家)咨询系统;

◆总工程师(技术负责人)管理网络;

◆技术管理机构管理网络;

◆企业技术中心管理网络;

◆科技示范工程管理网络;

◆科技成果、工法、专利(知识产权保护)管理网络;

◆企业标准(含国家和行业标准编制)管理网络;

◆技术资料(亦可涵盖其他领域的资料)集成管理网络;

◆科技知识(亦可涵盖其他领域的知识)集成管理网络。

各子系统将在企业技术体系的综合管理(协调)下开展工作,同时又自成体系、独立运作(图8~11所示)。

4.5 国有特大型建筑施工企业技术体系运行维护中的注意事项

技术体系的运行维护工作,主要在试运行评估通过后的正式运行过程中进行。一方面,人们往往认为该体系已经试运行评估通过,不会存在问题,因而

企业管理

忽视了对其进行维护。须知,一个成熟并有效的技术体系并非一蹴而就,必须随着企业的发展而不断修订完善,尤其当企业本身处于不停的调整变革时。因此,即便该体系已经通过试运行评估,也仍需在运行

图8 案例1:中建总公司技术中心管理体系①

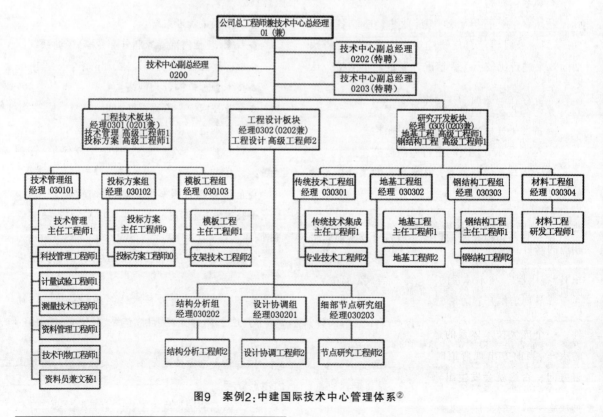

图9 案例2:中建国际技术中心管理体系②

①资料来源:中国建筑工程总公司技术中心建设规划-2005年.
②资料来源:中建国际建设有限公司技术中心建设规划-2007年.

过程中对其定期地维护,其作用与前述"体系修订完善"部分的要求有异曲同工之效,所不同之处在于前者强调方案在正式批准颁布实施前,是以近期目标为准;而维护强调的是正式运行之后,当以中长期目标为准,以体现持续地保持技术体系"有用性"的作用。另一方面,在运行中,如果发现有跟预期运行效果不协调或不吻合之处,不要急于定性甚至全盘否定;但应特别关注、加强观测,以弄清到底是体系设置的问题还是实施过程的问题或者是环境改变的原因;只有确认了是体系本身存在问题时,才对体系进行修改;如果是实施方面存在的问题,应加强宣贯与指导,使其尽快步入运行正轨;若是环境发生了

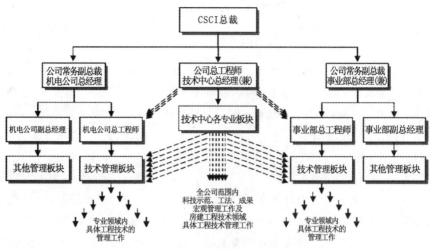

图10 案例3:中建国际技术管理模式之一①

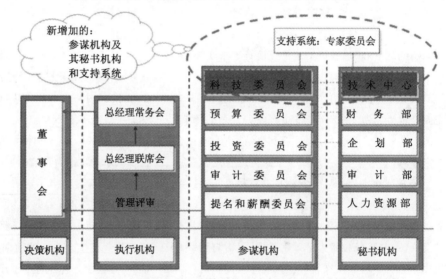

图11 案例4:中建国际公司决策支持系统之新增技术支持系统部分②

改变,应判断环境改变的发展趋势,再确定对体系作相应的修订。

一个庞大技术体系的运行,犹如一部开足马力的机器,长期的运行终会导致部分磨损或缺失,所以,必要的维护、更新是保持其正常运行的必备条件。一个庞大技术体系的运行,犹如一列奔驰行进的火车,当前方出现弯道时,列车亦应顺着轨道调整方向,否则就会发生出轨以致车毁人亡的惨祸。

因此,维护工作也应包括时刻注意对技术体系运行方向的调整,随企业(市场、社会)要求的变化而不断更新,时刻保持其"有用性"和为企业提供强劲的不竭动力。

5 技术体系的"有用性"构成

技术体系建立并运行后,对其好坏、优劣的评判,不同企业、不同时期,不同角度、不同标准,会产

---

①中建国际建设有限公司技术体系建设规划-2007年.
②中建国际建设有限公司技术体系建设规划-2005年.

生不同的结论。从其是否"有用"出发对其进行判定，将是一个直观、快捷而有效的方法。

5.1 现有技术体系运行状况调查

调查中常常发现：企业有厚厚的技术管理手册，手册中或者对应的ISO体系认证手册中有明确的技术体系构成，各种贯标检查也认证通过，但仔细对比，其结果跟未建立技术体系的企业相比，却并无大的差别。其技术体系，形同虚设。广泛走访了有关人员和单位，其现象或意见汇总如下：

◆技术体系的建设，并非企业需要，只是为了应付业主、监理，因此，一切以业主、监理认可为前提。

◆一个体系的存在就意味着需要配备一批职员，长期存在的这些职员，对于企业来说也需一笔不小的开支，因此能少则少、能减则减，遇到真正需要时，再临时从社会上高薪聘用亦可有效地解决问题。

◆技术体系的运行，人为地给自己设立了一道找麻烦的坎，一味地强调按规范或设计要求实施，影响了实际经济效益。

◆现行重大方案的审批环节中国家规定有许多需要外部专家鉴定的环节，变更有设计认可的环节，自己配备技术人员作用不大，遇到事情，还向社会专家求救。

◆施工企业，就是微利行业，只有尽可能地压缩企业开支，才能增强企业在竞标中的竞价能力。一般的项目施工难度都不大，一眼即可看透，工人们自己都会干，配与不配技术人员差别不大，只需聘请一个人员帮着把资料做出来就行，只要监理能够对资料认可，去不去现场都无所谓。

◆国家提倡组织专业化施工和劳务分包，一方面，总包单位认为：各分包都有专业技术人员，作为总包单位，只需配备几个管理人员加强质量、安全和进度、资金的管理即可；另一方面，分包单位认为：总包收取管理费，他们的技术力量强，有他们管理，分包就无需配备更多的技术人员，适可而止；两种认识上的漏洞在实际操作中就体现在管理上可能出现死角或给安全施工上埋下隐患。

◆信息化技术的发展成果为企业施行扁平化管理创造了条件，撤并技术管理机构或适当精简部分技术人员并不影响工程进展。

归结起来，存在这些现象的主要原因在于企业及其领导层，其主要决策者只是短视地、被动地满足一时、一项目、部分群体的要求，而对企业及其技术体系的组织建设缺乏宏观和长效的认识及把握。从而，其形成"木桶"的品质充其量只是符合了"游击战"者的需要而不是"百年企业"的品牌经营。

5.2 让技术体系实至名归

作为一个建筑施工企业，其日常工作所涉及的到底是科学还是技术？抑或科学技术兼而有之？为此，我们首先必须弄清这个概念。既然，科学技术是第一生产力，也就是说科学和技术既是一个整体，又是整体中的两个方面；科学与技术既有联系又有区别；"科学"指发现、积累并公认的普遍真理或普遍定理的运用，是已系统化和公式化了的知识；而"技术"则是指在劳动生产方面的经验、知识和技巧，也泛指其他操作方面的技巧。科学是发现，技术是发明；科学是认识世界，技术是改造世界；科学是自然与技术的结合点，技术是科学与社会的结合点；科学为技术提供理论依据和原理支持，技术是科学知识的物化和活化并为科学提供研究手段和方法；在人类认识和改造自然这个共同的基础上，科学和技术实现了统一，科学必须通过技术才能转化为直接的生产力；一个建筑工程的实现，正好充分地展现了这一转化效果，其中，央视新台址的建造工作正是良好的例证。

2004年10月，央视新台址工程的施工总承包招标工作经过多个轮回的前期交锋后，"决战"终于来临：中建集团迅速组建了总部、中建国际、中建一局、中建三局等多家单位的各方面技术骨干近300人云集美丽、幽静的雁栖湖畔，经两个多月的激战，连续攻克了"技术"和"商务"两大难关，为最后夺取央视新台址项目的施工总承包权奠定了坚实的基础。

其间，集团专家委、集团外部技术支持系统发挥了良好的作用。

在内外部专家的共同努力下，成功地解决了央视新台址大悬臂施工的世界性工程技术难题；实施过程中，以当时的技术骨干为班底，组建了具有国内领先水平的"土木工程仿真与计算中心"，现正服务于中建各二级集团的高难度工程建设之中。

类似于央视新台址项目投标运行方式的还有上

海环球金融中心、广州西塔、昆明机场等;作为一个国有特大型建筑施工集团,能如此快捷、有效地调集各方面专家迅速地投入到一个具体项目的投标方案编制工作中,这一系列的实践,有力地体现了技术体系在企业经营开拓中的良好支撑作用,也为技术体系在企业组织建设中的实至名归提供了有效的佐证。

5.3 让技术体系的运行时时处处体现出"有用"

尽管技术体系的制定和评判有一系列标准和依据,但现实中,更为普遍和直观的理解及评判则是看其是否"有用"。何为有用?《金山词霸》说:"有用,即指可以利用、有价值、耐用";可见,若是技术体系的存在和运行结果,对企业的经营开拓和施工生产有价值,可以被利用,甚至是长期地利用,则视其为有用。

如何让技术体系的存在和运行对企业经营开拓及施工生产有用?应做好以下工作:

1)对于"市场经营开拓工作"有用

在市场经营开拓过程中,围绕项目承接的目的,会产生一系列不可缺少的环节:向业主方展示企业实力、接待考察、投标方案的编制以及日常的社会宣传等,让业主方达成"该项目非我莫属"的共识,有如下几个途径:

◆做好日常科技成果的资料积累并完成知识积累工作,其中应选择有代表性的工程案例,以多媒体手段制成展示性资料,让业主直观地了解企业的技术实力;

◆预测市场发展动向,配合企业发展战略目标,有前瞻性地做好相关科技攻关工作,向业主展示企业独有的技术实力;

◆在技术研发基地,选择有代表性工程中的代表性节点,按照正常施工模式建造成型,以供业主实地考察,对企业的技术实力进行直观的展示;

◆有条件时,将企业的各项核心技术营造成一个虚拟的网络世界,让业主身临其境地了解企业的技术实力;

◆有条件时,对于极具竞争力的项目,做一个独立的核心技术陈列(演播、展示)室;

◆根据经营开拓的需求,配合市场开拓部门,主动参与,有针对性地做好技术实力展示的准备工作;

◆根据项目特点,调集系统相关精英,针对项目研制(编制)最可靠、经济、适用的技术方案,为竞标夺冠奠定坚实的基础。

2)对于"施工生产工作"有用

技术工作在施工生产工作中的有用,主要体现在保证施工生产的顺利进行和为企业提供较高的经济效益两个方面。目前,多数技术体系的运行在前一个方面做了一些有益的工作,如施工组织设计或实施方案的编制审批等,但在具体落实和认真执行方面存在明显的脱节现象;至于为企业获取较高经济效益方面则几乎处于空白,这在客观上也导致人们对技术体系"有用性"评价不高。

改善这项工作,可以从以下方面着手:

◆在满足施工组织设计或方案编制的科学性、针对性、适应性、可行性等要求的同时,加大对其实施环节的监督力度,只有真正实施了,一个优秀的施组和方案才算真正发挥了作用;

◆施组和方案的编制,要避免"跟风",并非越先进越好,应仔细研究合同条件,杜绝人为抬高标准(比如目前的清水混凝土做法比比皆是,这要求用崭新且非常好的模板,但却并非设计要求,最后还给抹灰带来麻烦,甚至造成抹灰层空鼓、开裂等通病),当然,去掉"花架子"的施组或方案如何吸引业主和监理的眼球,科学地取信于业主,也正是展示技术实力之所在;

◆针对施工中的技术难题,组织科技攻关,依靠自己的力量攻克各项技术难关;

◆以经济活动为主线,做好方案优化工作,用科学的手段使经济效益最大化。

3)对于"企业发展工作"有用

前述两项工作,即4.3节所说面向日常经营开拓与施工生产部分所占70%比重的工作。此外,针对国家和行业的发展(20%)以及针对社会赋予企业的责任(10%)所开展的工作,尤其是这三个工作范围的交叠部分(参见图7中的关注点处),应该从企业总体层面上去把握和开展,可以由企业技术中心牵头具体组织实施,各相关单位、部门或人员参与,最终形成企业独特的具有对经营开拓和施工生产起支撑作用的企业核心竞争力。

面对国际建筑市场和国际特大型建筑承包商的

强烈冲击,作为一个国营特大型建筑施工企业,还应担当起类似于向工程总承包领域转化的重任,配合国家相关部门完成政策的制定及示范工程的建设任务,为其他施工企业提供可靠的借鉴。

这些工作包括:

◆学习借鉴国际通行 EPC、D&B、BOT、PPP 等工程承发包模式,研究形成具有中国特色的 EPC、D&B、BOT、PPP 等运行模式,尤其是技术管理流程的设置;

◆结合近年来中国建筑市场对国际建筑市场发展的贡献,将国内成熟且先进的施工技术,通过技术集成,形成可以对海外类似工程施工和经营开拓起支撑作用的核心技术;

◆以广泛参与国际建筑市场竞争并获得高科技含量的项目为支撑,引进国际先进技术,为促进中国建筑市场的发展献计献策。

所有这些工作的有效开展,被企业各方所广泛关注并实质性地体现科学技术对企业发展所具有的强劲推动作用。

6 结语

重温"科学技术是第一生产力"的科学论断,深刻领会"科学发展观"的精神实质。本文从木桶理论的角度出发,结合企业战略发展的长远目标,以"有用性"和实用价值为切入点,对国有特大型建筑施工企业技术体系建设进行了综合阐述和深入探讨。旨在通过一系列有益的探索,还技术工作在日常经营开拓和施工生产中应有的地位,发挥其支撑作用,更好地推动企业步入依靠科技进步高速、持续发展的健康轨道。

第五届环境与发展中国(国际)论坛在京开幕

由环境保护部、联合国环境规划署共同主办,中华环保联合会承办的"第五届环境与发展中国(国际)论坛"9月17日上午在北京亚洲大酒店隆重开幕。

第五届环境与发展中国(国际)论坛的主题为"推进生态文明建设,促进绿色经济发展"。论坛同时设立了四个专题分论坛,就区域生态环境保护与生态文明社会构建、生物多样性保护与生态安全维护、绿色经济与可持续发展和农村生态环境保护与新农村建设等方面的理论与实践进行了深入研讨。联合国环境规划署在本届论坛专门设立和组织了绿色经济与可持续发展专题论坛。

来自联合国环境规划署、联合国教科文组织、国际劳工组织、国际生态安全合作组织、亚太经济社会委员会等国际组织,欧盟、美国、法国、加拿大、挪威、中国等25个国家的高级政要及专家学者齐聚论坛,全方位探讨中国和世界的生态形势问题、经济快速发展的生态战略问题、经济发展与生态环境保护的双赢模式以及国际先进理念及经验,为推动人类生存环境良性循环,人与自然和谐共存献计献策。

与会代表一致认为,当前的金融危机虽然给世界经济发展带来困难,但也为变革旧的发展模式提供了重大机遇,发展绿色经济既是当前应对金融危机的有效途径,也是实现可持续发展的根本之策,国际社会要加强合作,相互交流,共同推动经济与环境的协调发展。会议提出,要不断出台绿色经济新政策,鼓励推行绿色经济发展,并以城市为依托,大力发展循环经济、绿色经济,将其培育成新的经济增长点;要调整能源结构,大力开发新能源,突破能源发展瓶颈;要改变传统生产消费模式,实行清洁生产、绿色消费,逐步实行低碳排放;要保障农村基础设施建设,打造"生态农业"、"绿色农业"、"绿色乡村";要加强国际合作,通过技术交流、分享市场等手段共同促进绿色经济发展。

(王佐报道)

建筑业农民工管理的思考

马国荣

(中国建筑股份有限公司,北京 100037)

摘　要:农民工作为一个特殊的群体为中国社会作出了巨大贡献,而且将长期发挥着重要作用。本文的第一部分简述了建筑业农民工发展历程和现状;第二部分从社会、建筑总包及专业分包企业、劳务企业及农民工本身状况,分析了建筑业农民工管理存在的问题;第三部分是针对第二部分分析存在的问题,结合在中建系统的调研情况,阐述了对在新形势下建筑业农民工管理的思考。

1978 年,中国开始改革开放,30 年来经济高速增长,中国建筑业也随着中国经济的增长而成就惊人。其中,1987 年我国推行鲁布革工程经验,对建筑企业改革产生了深远的影响,可谓居功至伟。在"鲁布革"经验的推广与"冲击"下,以"项目法"为指导的施工项目管理,推行"两层分离",大大解放了生产力,使建筑领域中施工生产组织方式发生了深刻的变革。

建筑业作为劳务密集型产业,国家用工制度的改革极大地促进了建筑劳务分包制度的改革。在建筑劳务制度改革过程中,政府和企业作为两种决策机构,行政管理和市场机制作为两种调节手段,分别发挥了各自的作用。

一、建筑业农民工发展的历程和现状

自 1989 年第一次"民工潮"的出现,近 20 年来,"民工潮"已成为中国社会一种常态的经济现象和社会现象。"民工潮"折射出中国数量庞大的农民群体的社会流动轨迹,折射出传统的农业大国向工业化迈进的历程。但从 2003 年起,一种被媒体称之为"民工荒"的现象却开始在东南沿海部分地区开始出现。进入 2004 年,"民工荒"现象进一步蔓延,福建、广东、浙江等东南沿海经济发达地区的企业同叫"缺工"。进入 2004 年下半年,在一些一贯是农民工输出地的内陆省份,也不同程度出现了"民工荒",江西、湖南等地都出现了企业招工难的现象。2005 年,浙江一些用工需求较大的地区未雨绸缪,由政府和企业组织到劳务输出地区进行大规模有组织的招聘,以缓解春节后民工短缺的状况。自 2006 年年初,涌进杭州劳动力市场找工的民工每天都在增加,节前企业招工难,节后民工找工难,形成了浙江劳务市场的一个奇特现象。随后的 2007 年成为新的分水岭,"民工荒"在达到高潮后,形势迅速发生扭转,2008 年初,找工作难已经成为劳工市场的主调。随后,全球金融危机的爆发,使形势进一步恶化。2009 年 2 月 20 日,中央电视台《经济半小时》栏目以"民工荒到民工慌"为题报道:"今天我们来到珠江三角洲,往年,每过完春节,来自全国各地的农民工都会像回迁的候鸟一样,来到珠三角地区找工作,今年也不例外,广东省劳动部门预计,节后珠三角地区将迎来 970 万外来务工人员,可今年这里能提供的就业岗位却只有 190 万个,在珠三角制造业最发达的东莞市,甚至有些招聘会出现平均每 20 个人竞争一个工作岗位的景象。我们的记者就从一位打工者身上感受到了找工作的艰辛。"

可以说"民工潮、民工荒和民工慌"三个关键词代表的是劳动力资源的社会流动,折射出市场机制在发挥主导作用。据统计,我国建筑业所使用的农民工大约占总量的25%左右。"民工潮、民工荒和民工慌"在建筑业几乎同步显现。在建筑劳务的市场化发展过程中,大致经历了三个阶段。

一是"两层分离"为"民工潮"创造了条件。我国建筑业企业推行的两层分离——管理层和劳务层分离制度,使大型建筑公司纷纷将劳务分包给民建队,推动了我国建筑业的发展。所谓"两层分离",是指企业管理层和劳务作业层在原来人员混编的状态下,把劳务作业层从原来的企业母体中分离出去,形成管理层和劳务作业层彻底分开。分离之后,管理层和劳务作业层不再具有行政隶属关系,两者之间的关系,应该是不同利益主体的经济合作关系。也就是说,"两层分离"的实质,应该是原来的企业母体完全成为管理层面,没有了劳务作业层人员编制。以各类管理、技术人员为主,以总承包和项目管理为主要业务,走管理和技术密集型发展道路。而分离出来的劳务作业层脱离了原来的企业母体,成为具有独立法人资格的各种专业型的劳务公司,以各类技术工人为主,以劳务分包为主要业务,走劳动密集型发展道路。"两层分离"是制度改革,有利于劳务作业层人力资源的充分利用,大大提高了建筑公司的效率,促进了建筑公司的发展。

二是民建队的蓬勃发展顺应了"民工潮"的需要。建筑市场和建筑公司的发展使得建筑劳务的需求迅速加大,"民建队"作为一种新型的劳务组织形式应需而生。人们谈起"民建队",往往容易联想到衣着朴素、吃苦耐劳、知识不多的农民所代表着的落后形象。事实上,"民建队"的蓬勃发展顺应了"民工潮"的需要,代表了先进的生产力。"民建队"所代表的机制具有极强的竞争力,其优势主要表现在三个方面。一是"招之即来,来之能战,战完即走",劳务使用效率高;二是能人带队,对手下的工人知根知底,能够进行高效管理,不养闲人和懒汉,劳务管理成本低;三是劳务人员收入完全市场化,促进了劳务人员的竞争,提高了劳务人员的素质。

三是建筑劳务公司的发展,使劳务管理逐步走向规范化。随着民建队的快速发展,拖欠农民工工资的现象大量存在,农民工工伤事故时有发生,劳务纠纷层出不穷。这使得那些素质高、诚信好的"民建队"顺应国家法律法规的要求,注册成为劳务公司,创造了自己的品牌,与一般的民建队区分开来,在管理上逐步走向了规范化。有的甚至从劳务公司,成长为施工总承包公司,进而发展为房地产开发商,实现了发展上的蜕变。

在农民工的发展过程中,"管制、放开与规范"分别代表了政府不同时期的政策导向。

第一是以《中华人民共和国户口登记条例》为标志的管制政策。

以1958年颁布《中华人民共和国户口登记条例》为标志,中国采取了严格控制农村人口向城市迁移的政策,由此形成了城乡分割的二元体制。从20世纪50年代后期至70年代后期,中国城市化基本处于停滞状态,农村也丧失了快速发展的机会,农民生活水平普遍低下。到1978年,全国仍有2.5亿人口没有解决温饱问题,也与此有一定的关系。

第二是农村富余劳动力的出现和城市工业化发展对劳务的大量需求,使政府放开了劳动力的自由流动。

党的十一届三中全会以后,农村实行土地家庭承包经营,极大地解放和发展了农业生产力,农产品和农业劳动力出现剩余,乡镇企业异军突起,大量农民离开土地进入乡镇企业就业,开创了"离土不离乡"的农村劳动力转移就业模式。20世纪80年代后期,随着对外开放和城市改革的深入,东部沿海地区经济快速发展,对劳动力提出了旺盛的需求。在这种情况下,国家适时调整限制政策,准许农民在不改变身份、不改变城市供给制度的前提下进城务工就业,呈现出农村劳动力"离土又离乡"的新模式。

1992年邓小平南巡谈话发表后,中国经济发展进入了新一轮增长期,农民外出务工就业也出现了新的高潮。90年代中后期,城市就业面临农民进城务工就业、城镇新增劳动力就业、下岗失业人员再就业"三峰叠加"的严峻形势,一些城市对用人单位招用农民工采取了限制性措施,全国农民工数量增长放缓,一些地方出现农民工短期回流。进入21世纪,特别是党的十六大以来,国家为了统筹城乡发展,解决农民增收难的问题,对农民外出务工采取了积极引导的政策。2003年和2004年国务院办公厅连续两次发出通知,要求各级政府切实改善农民进城就业环境,做好管理和服务工作,农民外出务工又进入了一个新的发展时期。

第三是随着大量农民工的转移,各种问题不断出现,成为社会突出矛盾之一,国务院2006年下发《关于解决农民工问题的若干意见》,系统地规范和解决农民工的问题。

近年来,党中央、国务院高度重视农民工问题,制定了一系列保障农民工权益和改善农民工就业环境的政策措施,各地区、各部门做了大量工作,取得了明显成效。但农民工面临的问题仍然十分突出。主要是:工资偏低,被拖欠现象严重;劳动时间长,安全条件差;缺乏社会保障,职业病和工伤事故多;培训就业、子女上学、生活居住等方面也存在诸多困难,经济、政治、文化权益得不到有效保障。这些问题引发了不少社会矛盾和纠纷。2006年,国务院下发《关于解决农民工问题的若干意见》(国发[2006]5号文件),系统地解决农民工问题,保障农民工合法权益,改善农民工就业环境,引导农村富余劳动力合理有序转移。

为了规范建筑市场秩序,提高劳务队伍职业素质和建筑企业的整体素质,确保工程质量和安全管理,建立预防建设领域拖欠农民工工资的长效机制,建立和完善建筑劳务分包制度、发展建筑劳务企业,建筑行政部门在2005年下发了《关于建立和完善劳务分包制度发展建筑劳务企业的意见》(建市[2005]131号)。各地政府纷纷推出了劳务基地建设、劳务分包资质管理、劳务招标管理、劳务实名制管理、劳务工资支付管理等一系列管理制度,规范建筑劳务管理。

二、建筑业农民工管理中存在的问题

农民工为建筑业快速发展提供了人力资源的保障,为国家经济建设作出了不可磨灭的贡献。但仍存在着一些亟待解决的问题,这些问题主要是:

1.社会方面

(1)尽管进入城市就业的农民日益增多,其对城市经济发展的贡献也得到了越来越多的人的认同,但由于城乡分割的传统二元经济结构尚未从根本上突破,农民进城仍然面临以不同方式表现出来的政策歧视,其合法权益的有效保护缺乏基本的政策和制度基础,不论农民工在某个城市生活工作多少年仍是非市民待遇。

(2)农民工长期受户籍制度、就业制度等一系列限制,虽离开了土地,但又不能融入生活工作的城市,他们已成为一个与农民和市民均不同质的群体,构成我国目前社会结构的第三元,实际上是处于城乡两种管理体系的夹缝边缘,成为"边缘人"。

(3)农民工在城镇工作,却不能享有城镇居民的生活待遇,包括政治生活、文化生活、精神与物质生活等。他们在政治生活上没有组织的关怀,在文化生活上更是没有机会参与。

(4)根据现行的《建筑业企业资质管理规定》,劳务分包序列的资质管理,由企业工商注册所在地设区的市人民政府建设主管部门实施,而地方的政府有关部门对建筑劳务企业的成立、资质审查把关不严、监管不够;一些名为劳务企业实为"包工头"的情况大量存在;一些有资质的"合格劳务企业"其农民工的职业技能培训严重不足,从业人员素质较低,给工程建设的安全和质量带来隐患。

(5)建筑业的从业人员特别是一线作业人员的入行门坎低,操作技能差,培训不到位,甚至为骗取国家补贴进行造假。

(6)一些地方政府部门对劳务企业拖欠农民工工资等监督缺乏有效的手段;发生农民工欠薪的情况,不是对真正的欠薪责任主体进行处罚,而是简单、片面地对建筑总包企业或专业分包企业进行处罚,助长了一些不良劳务企业或人员恶意讨薪行为。

2.建筑总包及专业分包企业方面

(1)目前多数建筑总包及专业分包企业基本上不直接聘用农民工,已经弱化了用工管理,绝大多数进行劳务分包,但基本上没有建立规范的劳务企业选择、使用、培育、考评、激励等一整套制度。

(2)一些建筑总包及专业分包企业对劳务企业的要求估值过高,且在选择劳务企业时又没有一套系统的、科学的评价方法,仅仅用招投标选取最低价的方法选择劳务企业。

(3)一些建筑总包及专业分包企业还存在以"包"代"管"情况,对劳务分包企业失去控制,造成现

场失控,安全、质量事故频发;

(4)由于农民工流动性大的客观事实,多数建筑总包及专业分包企业对劳务只是使用,很少进行系统性的培训。

(5)部分建筑总包企业及专业分包企业仍有一厢情愿地违法转嫁经营风险,但作为劳务分包的企业无能力真正承担风险。

(6)部分建筑总包企业及专业分包企业,明知一些劳务企业是由"包工头"挂靠的,仍然使用,一旦发生劳务纠纷、拖欠农民工工资等问题,建筑总包企业及专业分包企业便陷入了极为被动的局面。

3.劳务企业方面

(1)一些劳务企业本来就是从"包工队"转化过来的,其内部主要是家族作坊式管理,当其规模扩张后管理跟不上。

(2)一些劳务企业没有考虑队伍的长期建设,而大量使用价格低、缺乏从业经验的农民工,最大限度地去攫取人工费差价,安全、质量等方面很少或者基本不投入。

(3)农民工队伍庞大松散,且流动性极大,劳务企业不愿花费大量的资金、精力来培训农民工,从而造成农民工作业技能和综合素质的提高缓慢,工作效率不高,影响农民工的收入,且容易与劳务企业造成纠纷。

(4)一些实为"包工头"的劳务企业(或"包工头"挂靠的劳务企业),仍然在随意用工,违法转嫁经营风险,严重侵害农民工的合法权益等。

(5)一些实为"包工头"的劳务企业,因其对农民工的承诺不能兑现,却将不能兑现的责任转嫁到建筑总包企业,甚至鼓动农民工以欠薪为由,对总包企业进行围堵等行为。

4.农民工自身方面

(1)因为建筑业的特点,大多数在露天、高空作业,工作较辛苦,且收入并没有明显的优势,多数农民工特别是年龄较小的只把建筑业作为在城市找工作的临时过渡性工作。

(2)许多农民工并没有把建筑业作为其职业选择,对建筑业的培训就不是很感兴趣,毕竟建筑业的作业技能还要靠体能支撑。

(3)又因为农民工自身对作业技能掌握不够,工作效率不高,出现不合格品的几率加大,收入与其期望值差距较大,便时常造成工资纠纷。

(4)由于目前社会状况,农民工是一个与农民和市民均不同质的群体,其在城市里从事的是"工人"工作,却硬戴着"农民"的帽子成为了"农民工"(有些人从小就没干过农活,更谈不上是位农民了,只是户口在农村而已,虽然本人并不认同"农民工"的称谓,但也找不出一个合适的叫法,故还用"农民工"这个叫法),故一些人心理上对工作的城市及劳务企业没有一个归宿感。

三、新形势下建筑业农民工管理的思考

行政计划和市场机制是经济领域两个重要的决策力量。中国经济改革方向是从计划走向市场,时至今日,市场已经发挥着主导的作用,但同时政府也依然发挥着重要作用。针对新形势下建筑业农民工管理存在的问题,单靠任何一方都是不够的,需要政府和企业共同努力,发挥出行政管理和市场调节的作用,解决建筑业农民工管理存在的问题。

1.政府应加速改革社会上不合理制度

首要的是制订法律框架,让整个经济运行其中。政府在制订法律框架时,必须注意的是:一是在保护弱者利益的同时保护各方的利益;二是防止政府对微观经济不恰当的干涉,既要保证做正确的事,又要正确地做事;三是防止具体执法者为谋求私利而滥用职权。政府在制订法律框架,保证经济有效运行的同时,还要适当运用政府的行政职能,在农民工的就业、技能培训和利益保障等方面做一些工作。

(1)要完善农民工就业机制。各级政府要通过劳务基地的建设等多种形式,搭建用工企业和劳务企业合作的平台和枢纽,履约好服务的职能。当建筑公司的项目需要劳务时,及时、迅速地向企业输送合适的劳务队伍;当项目施工任务完成需要减缩劳务时,及时接纳和安排富余劳务,做好调配和回归工作。为劳务企业和农民工提供好服务,通过传递信息、牵线搭桥,协助劳务企业选择用工单位。

(2)完善农民工技能培训及考核评级机制。建筑领域中的农民工流动性大是客观事实,各建筑企业及劳务企业都不愿大量投入进行农民工的培训,必

然造成全社会的建筑业整体农民工作业技能提升不足,故农民工整体收入低,动力不足。建筑业农民工作业技能提升了,其不论流向哪个企业,均是全社会的资源,故政府应就农民工的流动性大、建筑施工的特点,制定统一的提升其作业技能的培训机制,建立对农民工个人作业技能考核评级机制,并可以配合用工单位的需求,采取多种形式和渠道进行培训,提升农民工的作业技能和综合素质,满足全行业建筑施工的需求。

(3)规范劳务企业行为。各地政府可以通过公司注册、资质管理、用工合同和税收政策等多种措施规范劳务企业的行为,有效控制企业侵犯农民工的合法权益,并提高劳务企业的管理水平。

2. 以建筑企业人本化管理为指针,规范劳务分包管理

建筑企业作为建筑市场的主体,需要充分认识到政府和市场的作用,既遵照政府的政策要求,更遵循市场的规律,用市场经济的观念和以人为本的科学发展观来对待劳务管理工作。下面是对中建系统的调研,从七个方面总结和分析劳务管理的重要举措和经验。

(1)加强劳务管理体系建设,提高劳务管理水平

随着劳务层和管理层的分离以及劳务外包的迅速发展,许多建筑企业已经弱化了劳务管理体系,需要将劳务分包纳入建筑总包及专业分包企业的管理体系中,建立规范的劳务企业选择、使用、培育、考评、激励等一整套制度,并配备专业人员进行有效的管理,系统地提高劳务管理水平。

(2)共建劳务基地,不断培育劳务资源

劳务基地是在政府的主导下建设起来的。为了加强农村劳动力转移培训,加快农村劳动力向建筑领域的转移,促进农民增收,各地政府纷纷建立劳务基地,将劳务资源组织起来,向外输送。这一行为正好顺应了建筑市场的需要。大型建筑公司积极借助政府的力量,与政府和大型建筑劳务公司共建劳务基地,发掘劳务资源,为企业外包劳务打下基础。

中建八局在劳务基地管理上走在中建系统的前列。中建八局2003年制定了劳务基地管理办法,从2004年1月以来,先后到江苏、山东、四川、重庆、河南、江西、安徽、湖南等8个省36个市县考察,经筛选建立了18个劳务基地,并建立了由劳务基地620家劳务企业组成的资源库。自2005年以来,每年召开劳务基地用工洽谈会,邀请劳务基地管理部门的负责人带1~2个劳务企业参加,通过洽谈后双方签订合作意向书;对劳务基地实施动态管理,协议期限一般2~3年,每年进行考核。协议期满后,根据双方配合情况、劳动力素质情况等,优胜劣汰,重新签约。并根据劳动力资源变化情况,调整布局;对新引进的队伍,我们注重做好培养和扶持工作,进行跟踪管理,及时帮助协调解决双方在磨合过程中产生的问题。各公司在同等条件下优先使用基地推荐的队伍,努力做到互惠互利、优势互补、共同发展。2008年局属8家公司,共使用了11个劳务基地的30家队伍,涉及施工分包项目106个,劳务分包合同额10亿,使用劳务工人2万人左右。显现了劳务基地的资源优势和协助管理作用。

(3)建筑企业内部应实行"劳务企业分级管理",有效地管理资源

建筑总包及专业分包企业在进行劳务分包时,往往会根据工程的特点采取不同的分包模式,有的采取包工包料的形式,有的采取包部分辅助和少量主要材料的劳务分包模式,有的则采取包清工的模式。这三种基本形式,对劳务分包的管理能力和素质要求是不一样的,一般来说是逐步降低的。鉴于市场上的劳务分包单位的素质往往也是参差不齐的,总包及专业分包企业可对合作的劳务分包单位进行合理的评估,将劳务分包单位划分为不同等级,与劳务分包的实力和诚信对应起来,进而与承包范围对应,从而降低进行分包模式变革的风险;同时,可定期地将那些劳务素质差、综合实力不强、没有诚信、恶意拖欠农民工工资的劳务分包从合格劳务供应商中清除出去,从而提高劳务供应商的整体素质。

中建三局正在实施以企业劳务协会的形式,规范合格劳务分包商的管理。他们组织合格劳务供应商成立了中建三局劳务协会,促进会员在三局范围内进行有序流动,加强会员间的劳务资源共享,稳定会员单位的施工任务,加强会员间的研讨与学习,协助和指导会员单位提高管理水平,提高劳务素质。中建三局以劳务协会为载体,加强分包单位的引入、考核与评价,并根据分包单位的实力、信誉和合作情

况,对分包单位进行分级管理,将分包单位分成四个等级:战略合作伙伴(一级)、一般供应商(二级)、新进供应商(三级)和黑名单等四种等级,尤其是将那些实力不强、不讲诚信、恶意拖欠农民工工资的分包单位列入黑名单,及时予以公布和清除,禁止在三局范围内承接工程,不断优化分包供应链。

(4)通过劳务招标采购,建立优胜劣汰的竞争机制

劳务招投标,作为建筑总包及专业分包企业选择劳务分包商的一种途径,在择优选择劳务作业队伍,控制劳务费用,提高工程管理水平,确保施工安全和工程质量等方面,起到一定的制度保障。在劳务招投标管理和后续工作中必须注意三点。一是招标应根据工程项目的实际情况(地点、工艺复杂程度、对农民工的技能要求等),合理编制劳务分包招标文件;二是不追求最低价中标,合理低价和素质保障同样重要;三是为劳务单位创造良好的施工条件,提高劳务使用效率,减少经济纠纷。

(5)实施劳务实名制,规范现场劳务管理

劳务实名制管理是强化现场劳务管理的重要举措。劳务实名制管理是2006年在北京市政府主导下开始实施的。推行实名制卡则是推行劳务实名制管理的重要抓手。实名制卡不仅可以实现工资卡内转账,而且可以提供参加工伤保险、技能培训、身份认证、门禁考勤等一系列服务和管理功能。

实名制卡可以在第一时间为安全员提供人员变更信息,提升现场务工人员的业务素质和安全施工管理水平。根据实名制卡提供的人员动态管理记录,项目经理部技术员可以对新进场班组的施工人员进行专项技术交底,明确施工现场操作的难点和要点,提升现场施工人员整体施工技术水平。根据每日的上下班刷卡信息,各专业工长能够随时掌握施工现场的施工人员数量、技术水平和专业素质,并根据现场质量、进度及安全情况,与工人建立直接的数据联系。实名制IC卡数据的采集也改变了以往工长到施工现场"数人头"或单纯听劳务公司班组长汇报的被动局面,为项目经理部协调劳动力提供了可靠的依据。实名制卡提供的信息也为项目成本控制工作提供了第一手资料,使项目成本结算、劳务费计算有了充足的数据。实名制卡的推行提高了劳务企业的管理水平,使公司开始利用现代化数据分析手段进行

更加规范的管理,推动企业管理迈上新台阶。同时,它也为公司减少了不少薪资纠纷,有效避免了群体性事件的发生。

中建一局作为北京市独家劳务实名制试点单位,劳务管理成效显著。他们的经验主要有三条。一是合理分配局、公司和项目劳务管理的责权利,形成齐抓共管的局面。二是设置项目劳务管理员,明确其职责,夯实劳务管理工作基础。三是实现劳务管理制度化,并将劳务管理的文件制度归纳整理了仅有几页的口袋书——《项目劳务管理员工作手册》。

(6)规范劳务合约管理,共享管理成果

不同的合约形式对成本控制的效果是不一样的。在劳务分包中,应将质量要求不高且不易控制的辅材、零星材料等一起包给劳务分包企业;对质量要求高且影响工程的结构安全或使用功能的材料等,必须由总包企业或专业分包企业控制管理,但应制定合理的消耗量,节超与分包企业的奖罚挂钩,让劳务分包企业共享材料管理的成果。

(7)适当组建部分高技术的直管劳务,提高企业竞争力

实行劳务外包的政策,并不意味着完全放弃直管劳务。对于装饰、安装和钢结构施工等专业性较强的单位可以组建劳务公司,直接控制部分优质的劳务班组。例如,中建三局钢结构公司通过直接控制的劳务公司,对于使用量大、技术含量高的电焊工、吊装工等特殊工种的合格工人以直接签约的形式使用,另外再根据企业任务波动的情况,适当地外包部分劳务进行补充。

对劳动密集型的建筑业来说,农民工组成的建筑劳务,是建筑业重要的生产要素,是建筑业发展的重要环节。同时,建筑业农民工作为一个庞大的群体,也引发了大量的社会问题。因此,建筑业农民工管理,既是一个经济问题,也是一个社会问题。故而,政府部门不断地出台各种法规和政策,规范劳务管理。建筑企业要解决好劳务管理的问题,既需要遵照政府的政策要求,更需要遵循市场的发展规律,用市场经济的观念和以人为本的科学发展观,从体系建设、资源培育、分级管理、招标采购、现场管理、合约管理以及直管劳务等诸多方面进行有效的管理,提升建筑业整体素质和国际竞争力。

项目管理

浅谈规范标准在机电工程项目管理中的应用

唐江华

(中国石油天然气管道学院，河北 廊坊 065000)

在机电工程项目管理中，正确执行规范和标准是使机电工程项目有序、高效运行的重要保证，又是实现以合理的最低成本获取利润最大化的重要因素之一。

一、在合同技术谈判中的应用

规范和标准是合同中重要的技术条款。合同范本 GF-1999-0201 中规定(参照 FIDIC 合同条件)：合同文件应能相互解释，互为说明。除专用条款另有约定外，组成合同的文件及优先解释顺序如下：(1)本合同协议书；(2)中标通知书；(3)投标书及其附件；(4)本合同专用条款；(5)本合同通用条款；(6)标准、规范及有关技术文件；(7)图纸；(8)工程量清单；(9)工程报价单或预算书。专用条款中的技术要求优先执行，然后是标准、规范及有关技术文件。因此，在招投标中应仔细查看投标人的施工方法等是否与标书中的技术规范相符，如有差异，要认真研究能否做到其合理的经济性，如有问题，可争取在合法情况下，采用变通措施，执行其他规范。

规范和标准的选择往往是通过设计单位、建设单位和安装单位三方反复协商优选确定的。在优选过程中，重点考虑所选取规范和标准必须能满足设计对机电工程的要求，同时能确保安装过程控制和最终质量检验的科学性、安全性、经济性和可操作性。

机电工程不仅具有生产工艺复杂，生产工艺线长，工程实物量大，涉及的行业面广等特点，还包括技术先进，自动化水平高，普遍采用过程计算机、微机处理和可编程序控制，设备安装精度高，设备安装专用机具多，材料品种复杂、繁多等特点，因此要求在施工过程中采用的技术规范和标准多、内容广泛。这些规范和标准绝大多数已在安装合同技术条款中有明确规定。合同是具有法律效力的文件，合同一旦签订，表明承包单位必须严格执行合同所定的规范和标准。《合同法》规定，依法订立的合同，受法律保护。因此，若承包单位不认真履约，将要承担法律的责任，尤其是对于施工程序比较复杂的项目，在承包单位提交的投标文件中都应提交施工组织设计方案及施工方法的特别说明，并力争在投标答辩中使发包人赞同该方法，以显示承包单位的实力和实施该项工程中正确执行规范和标准的能力。严格履行合同，能够体现承包单位的"诚实信用"，达到双赢效

项目管理

果,有利于促进企业的技术进步,提高企业的管理水平,有利于工程全过程的控制。

在合同洽谈、特别是工业项目的技术谈判中,承包方应由具有丰富施工经验、熟悉技术规范标准的项目管理人员参加,这一点很重要。如在国内的一些外资工程项目,国外、境外的谈判代表对当地的消防规范不熟悉,承包方谈判代表利用熟悉技术规范的优势,在合同技术谈判中取得主动地位,承接到较多的工程。一些承包商利用本身技术上的专长在与业主的合同谈判中取得优势,从而承接到这些专业领域越来越多的工程。国家规范在合同实施中不能改动,但在技术谈判中可分析业主对本项目提出的技术规范部分有无特殊要求,尽量争取同等条件下,使用承包方熟悉的中国标准和规范。

合同中有关业主的要求或技术要求在招标文件中也都有详细规定,投标方必须认真核对机电设备、材料的型号、尺寸和各项技术参数,看是否存在差异,如有差异,则要考虑到有两种可能性,一种可能是国内非标产品,需要订做,报价会很高,二可能是国内没有货,需进口,需考虑价格和供货期。境内工程用的材料设备大多数都在中国生产,可与业主商量,应该用中国的验收规范,特别是涉及强制性标准或强制性条文的,必须执行。

外资工程或港资工程,合同规定的要求往往比中国常用的规范要求高,在投标报价时必须注意,如敷设在桥架上的电缆,香港设计师按英国标准设计要求用铠装电缆。遇到这种情况,采取的对策是:一种方案是按招标文件的要求用铠装电缆报价,风险可能会偏高失标;另一种是在招标答疑会上提出中国规范可用普通电缆,利用承包方施工经验丰富的影响力使发包方同意。

二、在合同诉讼中的应用

建设工程质量关系到公共安全,国家法律法规都作出了许多具体规定。工程纠纷、仲裁或诉讼过程中,发包方以承包方的工程质量有问题为理由,不支付工程款或结算款。此时承包方必须提供招标文件的技术要求或业主要求,工程施工过程中执行的技术规范和标准,以及工程施工质量合格的检验报告。仲裁机构或法院如果提出重新检验,此时按技术规范进行检验合格,由此产生的所有费用应由发包方支付,并按合同支付工程款或结算款。如果是承包人的过错造成机电工程质量不符合约定的,仲裁机构或法院会支持发包人减少或不再支付工程价款。如果机电工程未经竣工验收,发包人擅自使用时造成工程质量问题,该质量问题由使用方承担责任,需要承包方维修的需支付维修费用。上述诉讼过程中处处体现了技术规范和标准的重要性,是能否胜算的关键。

三、在项目施工中的正确执行

我国规范标准修改较多,越来越规范,要求也越来越严,设计规范也不断变化。设计规范的变化对机电工程的安装工艺带来了影响,选择不同的机电工程系统,所选设备的厂家、型号、规格也可能更先进,其安装工艺也要跟着改变。如现代社会建筑智能化高端技术越来越多,管线布置均采用了综合布线,建筑智能化设计规范中的这种综合布线工艺与机电安装传统的弱电管线布置不一样。又如按钢结构设计规范设计的大型公共建筑越来越多,如机场、展览场馆等,钢结构屋面下机电工程管线的支吊架工艺与以前混凝土结构时的吊架工艺也有所不同。当规范条文和强制性条文的要求与设计技术要求有矛盾时,应及时与设计单位沟通、解决,但对于强制性条文的规范则应坚决执行。

在合同实施过程中,要注意合同对执行规范的约定。

实例:某施工单位中标一商业大楼的机电安装工程项目,该商业大厦的建筑主体为混凝土框架结构,由地下一层和地上五层组成。地上一层至三层为营业厅,四、五层为大楼管理设施及办公用房,地下室设车库、水池、泵房及通风、空调机房。地下室部分电气安装是大厦电气安装分部工程中的分项工程之一,其主要安装内容包括:电气设备安装、配管、电缆

敷设、照明等。中标后该施工单位及时组建了项目部。在实施过程中,出现了以下问题:

1.由于《施工合同》由该施工单位的经营部保管,没有及时向项目部交底,以致项目部在编制施工方案时,按惯例对配线工程施工,采用已宣布作废的旧规范《电气装置安装工程1kV及以下配线工程施工及验收规范》(GB 50258-96)。班组在进行电缆穿管敷设中,将三相或单相的交流单芯电缆采用单独穿于钢导管的敷设方法施工,而按合同技术条款规定应选用《建筑电气工程施工质量验收规范》(GB 50303-2002)规定的电缆穿钢导管施工。该规范规定"三相或单相的交流单芯电缆,不得单独穿于钢导管内"。这是一条主控项目的强制性条文,如果安装人员因不知道新《规范》仅凭经验施工,其严重后果是当电缆投入运行时,将因产生"涡流效应"而影响整个电气系统安全运行。因此,必须进行返工处理。

2.施工中,项目部片面追求降低成本,将部分电缆(线)配管设计选用的镀锌材料,改为非镀锌钢管。其后果,一是严重影响使用寿命,二是因不符合设计要求而无法交竣工。

3.安装班组在地下室地坪以下进行配管预埋时,管道对口焊缝采用手工电弧焊,其严重后果是破坏了镀锌管的镀锌保护层,保护层不仅是外表面,还包括管内壁表面。外表面尚可刷油漆补救,而内表面则无法刷油漆。此外,从技术上讲,对口熔焊连接会产生烧穿、内部结瘤,当穿电缆时将损坏绝缘层。一旦送电运行,将引起严重的人身伤亡和设备损坏事故,其后果不堪设想。

4.由于焊接不方便,对口焊缝下部采用点焊。其严重后果是在进行混凝土施工时,在振捣过程中,因管内渗入浆水导致管内堵塞,造成配管报废。电缆(线)穿管敷设、配校线完毕,对管口未进行封堵,管口为敞开状态。其严重后果是小动物侵入管内咬坏电缆(线);异物随时会落入管内破坏电缆(线),不利于防火。一旦送电运行,其后果不堪设想。《规范》要求对管口进行封堵是为了安全供电而设置的技术防范措施。

监理工程师发现项目部施工多处与《施工合同》技术条款的要求不符合,没有正确执行《建筑电气工程施工质量验收规范》(GB 50303-2002)的以下条文(含强制性条文):①《规范》14.1.2 配管时,金属导管严禁对口熔焊连接;②《规范》15.1.1 三相或单相的交流单芯电缆,不得单独穿于钢导管内;③《规范》12.2.2 电缆出入电缆沟、竖井、建筑物、柜(盘)台处以及管子管口处等作密封处理等,立即下达监理通知责令返工整改。项目部由于不正确执行《规范》,因返工既造成了较大的经济损失,又严重影响了工程交接竣工。

为适应工程建设规模越来越大、建筑业持续快速发展的需要,我国相继制定了《建筑法》、《建设工程质量管理条例》、《建设工程勘察设计管理条例》等一系列法律法规和部门规章,并广泛借鉴国内外成功的工程实践经验和技术成果,制定和修订了一大批勘察、设计、施工、监理、节能和环保等方面的标准规范,建立了比较完整的工程建设法律法规和标准规范。随着我国加入世界贸易组织和与国际惯例的逐步接轨,标准、规范、规程在使用上都逐步在发生着变化。例如:近年来,我国有关部门把一些涉及技术规定的、具有一定强制性约束力的规范性文件,冠名为"技术规范",以区别于自愿用或推荐性的标准。但是,目前仍存在标准和规范严重滞后于新技术、新工艺、新设备、新材料、新理论快速发展的现象,同一类型的机电设备安装的验收内容和检验项目的不统一性,质量验评项目、验评等级设定和内容的不统一性问题,既不利于企业的技术进度,也不利于应对世贸组织制定的技术壁垒协定。这一现象已引起了国家相关部门的高度重视,相信将会得到有效的解决。为了加强机电工程质量管理,统一机电工程安装质量的验收,保证安装工程的质量,标准和规范的统一已势在必行。建筑安装工程已制定、颁布、实施了一套完整的《质量验收规范》和《质量验收统一标准》,实现了与国际技术标准和规范的接轨。工业机电工程安装规范和质量验收统一标准的"新规范"制定工作已经开始启动,大量的完善工作还有待完成。

项目管理

工程项目沟通管理中的会议沟通

顾慰慈

(华北电力大学,北京 102206)

在工程项目管理中,为了进行必要的沟通活动常常需要召开各种各样的会议,会议是否成功,是否达到预期的目的,将直接关系到项目管理的效能。

会议的目的可以是多种多样的,通过会议可以达到上情下达、下情上达、相互交流、谈判或协商解决问题、作出决策、总结表彰、宣传教育等。但是不论是哪种会议,要使会议开得成功,必须做好以下工作:

(1)会前的准备工作;

(2)会议的组织协调工作;

(3)会后的结束工作。

一、会前的准备工作

会前的准备工作通常包括以下问题:

1.明确会议的目标

在工程项目建设中常见的会议主题有两类,一类是讨论和研究工程出现或存在的问题;另一类是分析和预测工作中可能发生的问题,不论会议的主题是什么,一旦会议的主题明确,就应当设立一个具体的会议目标和预期结果,并通过努力来达到预期的目标。

2.确定会议的议题

会议的议题必须紧密结合会议的目标,凡是与会议无关的议题都不能列入会议议程,以免分散会议的主题,延长会议的时间。同时各项议题之间最好存在有机的联系,并按合乎逻辑的顺序排列,以保证会议的顺利进行。

3.明确会议议程

会议的议程通常包括以下内容:会议的日期、时间、地点、议题及参加人员等。

4.准备会议文件

为了使会议能够顺利召开,事先应收集、整理与议题有关的材料,必要时应复印并装订成册。

5.分发预阅资料

会前先将会议议程和整理好的文件分发给与会者,使会议参加者能够对会议议题和所要讨论的问题事先有所准备。

6.确定会议主持人

会议的成败在很大程度上取决于会议主持人,会议的主持人应具有敏捷的思辨能力,沉着自信、表达能力强,富有幽默感,并具有较强的领导能力。通常主持人常由群体中职位较高的人员担任或者是轮流担任。

7.确定与会人员

根据会议议题选择与会议议题相关的人员参加,人数不宜过多。

8.预定会议场所

根据会议的性质确定会议的场所,并核实以下情况:

(1)会议室是否预定好,桌椅是否足够;

(2)视听器材如幻灯机、多媒体播放机、麦克风是否准备就绪；

(3)分发的材料是否准备充足；

(4)茶水、饮料是否准备好；

(5)是否备好记录本、纸张、铅笔等；

(6)会场是否布置好。

9.确定会议时间

在确定会议的时间时应考虑以下问题：

(1)有充足的准备时间。

(2)要考虑到与会者的工作时间并做好协调工作。

(3)在保证会议有充足讨论时间的同时应尽量缩短会议时间。

(4)明确规定会议的起止时间，并在会议通知书上说明，同时还应在通知书上注明"请务必准时出席"，以防缺席、迟到。

二、会议的组织协调工作

会议的组织协调工作是按会议的议程安排组织实施会议的各项活动，以保证会议的顺利进行和取得圆满成功。

(一)会议的组织领导

1.明确会议的组织领导

对于大型的正式会议，通常设有会议主席团，由主席团成员轮流担任大会执行主持人，进行集体领导。对于一般单位、部门的会议，则由单位、部门的负责人负责会议的组织领导工作。

2.集中活动的组织

集中活动包括大会开幕、闭幕、工作报告、传达文件、大会汇报、交流、发言等。集中活动的组织工作主要有：

按会议议程掌握议程进度，并在会议的开场白中说明当天预定要完成的议程内容，公开预告议程完成的时间，必要时可规定或暗示讲话时间，明确是否可以录音录像，是否可以笔录等。在会议进行中组织讲话人之间的衔接，注意音响效果，搜集会场反映，并组织维持会场秩序工作。会议主持者要有驾驭会场、掌握会议动向的组织领导能力。

3.分散活动的组织

一般会议都有分组活动或小组讨论，或分组交流、审议、酝酿等分散活动。分组活动要明确召集人(一般以两人为宜)，记录和联系人要明确讨论的题目、要求，必要时应召开召集人会议，说明分组讨论的重点和对可能出现的倾向作出估计及引导的对策。分散活动时要搜集反馈意见和反映的问题，一般可查看记录和听取召集人或联系人汇报。

(二)会议活动的组织协调方法

做好会议的组织协调工作，对完善会议进程，提高会议效率，具有重要意义。

1.调查研究

在会议进行过程中，凡是需要协调的事情，要先进行调查研究，对于有争议的问题，要查清事情的原委，做好说服工作，争取取得共识。

2.分析论证

在协调解决问题时，特别是解决重大问题时，必要时对提出的解决意见进行分析论证，分析其可行性及存在的利弊，为最后决策提供依据。

3.作出结论

通过调查研究、分析论证和协调工作，各方面的思想认识趋于一致，或者客观条件成熟，矛盾可以解决，就应该提出结论性意见，进行最后决策。

4.请示汇报

在组织协调过程中，工作人员要及时向领导请示汇报，以便取得领导的支持和指导，同时提出解决矛盾和问题的意见，供领导决策时参考。

(三)主持会议时应注意的问题

1.主持者切忌一言堂，要虚心听取各方面的意见，加以综合，不要轻易表态，以免作出草率或不全面的决定。

2.要注意尊重与会者，不得强求"一致通过"，要善于积极引导。

3.对于讨论性的会议，要加强引导，围绕主题展开争论，不要急于作出结论。会议结束时应求同存异地充分归纳大家的意见，强调会议的成果。

4.主持会议时声音要宏亮，举止要适当，要表现出有信息、有朝气、有魄力,并以此感染与会者。

5.会议时间不宜过长,否则与会者容易产生疲劳感,如果会议较长,中间应有休息时间,这样才能保持良好效果。

(四)主持会议的技巧

1.会议进行的技巧

要使会议取得成功,在会议进行过程中主持人要根据会议的情况采取适当的方法进行引导,促使会议按预定目标进行。以下是会议主持人经常采用的方法。

(1)讨论。这是与会者进行沟通的主要形式,主持人的基本职责之一就是鼓励和促进讨论。应注意让每个与会者都有发表意见的机会,对讨论的问题应允许不同意见充分表达出来。同时主持人还应随时把握讨论的方向,以免偏离主题。

(2)提问。这是主持会议的一项重要技巧,提问可以吸引全体与会者的注意力,也有助于人们深入思考。提问时要把握时机,问题要明确具体。

(3)对不同意见的处理。主持人在处理不同意见时要掌握的原则是:避免不必要的冲突,引导不同意见向会议的主题靠拢。具体措施如下:

1)主持人对不同意见进行深思熟虑后提出自己的观点,并能让大多数与会者接受;

2)对争议双方或各方的观点加以澄清;

3)分析造成分歧的原因;

4)研究争论双方或各方观点,了解协调的可能性;

5)将争论的问题作为会议的主题之一,展开全面讨论,以便将会议引向深入;

6)若分歧难以弥合,那就暂时放下,按会议程进入下一项。

2.会议结束技巧

(1)对已达成的共识给予必要的重申,让与会者心中有数。

(2)对最终不能取得一致的意见,请与会者会后自行沟通或反思,必要时向有关方面汇报。

(3)总结会议取得的成果、成功的经验和失败的教训。

(4)对在这次会议中表现突出的人员给予表彰。

(五)主持会议的语言艺术

1.突出中心,紧扣议题,引导与会者围绕议题展开讨论。主持人讲话的内容和思路都必须强调中心议题。

2.语言要准确、鲜明,能够将要说的意思更突出、更清晰地表达出来,使与会者更好地把握会议精神。

3.讲话要精炼、概括、言简意赅。

4.严谨、灵活。严谨是指讲话要力求全面且没有漏洞,灵活是指能临场随机应变,适应会议变化的情况。

5.语言要通俗易懂,通俗易懂的语言不仅使人听起来不吃力,还会给人一种亲切朴实、平易近人的感觉。

6.幽默、生动。幽默、生动的语言不仅能使与会者在紧张的会议中得到放松,还能促使大家在轻松愉快的气氛中乐于接受主持人的思想观点和主张。

7.音调正确(使用普通话),表情举止适当,做到文明庄重、落落大方。

三、会后的结束工作

会议的结束工作不仅体现了会议的善始善终,更是巩固会议成果、贯彻落实会议决议、决定和精神,将会议精神转化为实践活动的重要部分。会议结束工作的内容包括:

1.检查会议记录,评估会议成果,使全体人员都明确会议结果。

2.整理会议记要,并分发给有关单位和人员,分别分工负责,贯彻执行会议精神和会议决定。

3.安排与会人员离会,保证与会人员尽快返回各自的工作岗位。

4.报道会议消息。根据会议的不同情况,确定发布会议的方式和方法,宣传会议精神和会议决定,推动会议精神的贯彻落实。

5.作好会议的财务决算,经领导审核批准后报财务部门。

关于实施"法人管项目"及有关问题的再思考

李汉法

（中建铁路建设有限公司，北京 100044）

项目管理是建筑施工企业管理的重要内容。当前建筑施工企业在经济市场化、全球化的经营中跨区域、跨国度的经营规模在不断扩大，企业既要面对在不同市场需求、不同承发包模式、不同运行法则、不同竞争对手、不同竞争手段的市场环境下与行业对手进行激烈的竞争，同时也要面临对企业众多跨区域、跨国度项目进行管理而涉及的层次多、链条长、决策慢、管控弱、效益跑、冒、漏等诸多内部问题。对此中建总公司提出了"法人管项目"的管理理念，并在全系统积极研究和实践了与这一理念相适应的项目管理方法，促进了系统内各企业现代化、国际化管理水平的不断提升，做到了在不同的市场环境和管理需求下，仍能有效地履行法人职责，发挥法人公司应有的管理职能作用，保证企业能对所属项目进行有效的管控，消灭了系统中存在的"项目"和"企业"的"两个亏损"现象，实现了企业的快速发展。但是，由于建筑施工企业在市场经济中经营的项目本身存在项目环境、承发包模式的不同，加上中建系统内各企业对"法人管项目"的内涵把握、推行思路和实施"法人管项目"的如"营销合同"、"两制"、"三集中"、"风险抵押"等具体实际操作方式的差异，使系统内各企业还没有真正形成或执行完全统一、标准的企业"法人管项目"的实施思路和具体实施办法。系统中存在"法人管项目"仅是法人层次要对项目施工组织管理进行管控，未把项目"市场营销"（第一次经营）、项目清防欠（第三次经营）也列入"法人管项目"的范畴，用"法人管项目"的施工管理的思路与原理对经营、管理项目的全部内容进行管控的理解和操作差异，以及"法人管项目"的管理体系与思路不配套、制度标准不规范，基本模式、方法不统一，基本方法不能满足全部项目及不同项目差异性的要求，项目营销、施工管理，清防欠兑现不及时、不严肃，"法人管项目"流于形式等现象。中建"法人管项目"的思路和方法应该进一步地完善、规范和统一，各级项目管理研究和实施者，应按照中建股份公司易军总经理关于一个现代化、国际化的集团公司的各项管理，最终应该实现"专业化、标准化、系统化、信息化、国际化"的"五化"要求，不断丰富和充实"法人管项目"的内涵，研究和完善"法人管项目"的思路和方法，以达到中建各企业及全系统对"法人管项目"内涵、推行思路、实行标准、实施方法的高度统一，促进企业管理水平、发展质量的不断提升,实现企业经济和社会效益的最大化。

一、"法人管项目"的应有内涵和整体思路

所谓"法人管项目",首先不能理解和实践成是由企业的法人去直接管理项目,而应该是由企业的法人层次直接对企业如何经营项目进行有效的管理、监控和服务,其应有的内涵和基本要求应体现在三个方面:1.企业对项目的承揽投标、分包劳务招标的决策权,对项目与业主、分包的合同签约权,对项目与业主、分包的结算终审权,对项目施工主要管理人员和资产的配置权,对项目管理目标的确定权要全部集中在法人层次;2.企业对项目施工过程的重要环节及经济活动的监控权要集中在法人层次;3.企业对项目最终管理目标与效益的认定及对项目管理人员的最终考核兑现权要集中在法人层次。实施"法人管项目"要做到在管理的内容上必须涵盖项目的跟踪承揽(第一次经营)、施工管理(第二次经营)、施工经济效益认定、回收(第三次经营)及项目管理目标考核兑现四个方面;在管理的方式上必须做到对企业经营项目过程中的重要决策,重要环节和要素,最终经营成果认定、考核兑现能进行直接有效的管控。即根据上述三个方面的要求由企业法人层次按照制定的业务管理流程和制度对项目经营进行直接决策、管控、服务、考核和兑现,或委托公司所属各单位、业务管理部门按法人层次规定的业务流程和制度进行生产经营,各项业务必须在法人公司规定的业务指标范围内进行。也就是"法人管项目"再也不应只是传统意义上的法人层次仅对项目施工的组织管理,而是要求企业法人层次对每一个项目是否承接,承接后项目管理目标确定及其实施过程管控,项目竣工后最终效益认定及工程款回收,以及对项目经营管理人员的最终考核兑现,必须健全一套完善成熟的运行体系和管理模式进行全过程掌控,再也不能任由企业业务部门、分公司按自己的思路对项目进行自主经营。

要达到"法人管项目"的上述要求,企业必须具备对项目进行直接经营决策、管控、服务的能力,需要建立一整套经营管理项目的标准和方法,健全对项目经营管理的决策、管理、服务、考核的业务流程和管理体系,把对单一项目、单一业务管理的思想运用到企业管理之中,把企业原来三次经营分别由三个不同的实施主体(市场营销、项目管理、清防欠)完成,整合成由一个实施主体完成每一个项目的一、二、三次经营,使企业原来对项目进行的单一分散管理变成对全部项目的统一集中管理。其中最关键的是要科学地确定企业与项目经理部之间各自的权责,重点是要制定统一的能够对不同类型、不同地区(国度)、不同承分包模式的工程实际成本的科学测评机制和方法,以及对第一、第二、第三次经营的合理划分与经营管理目标奖罚机制,并以此建立企业法人层次能够行使对项目经营、各项业务进行直接决策、管控、考核和明确(划分)责权、兑现的标准和依据。难点是要建立一整套既符合企业全部项目共性,保证企业能按"法人管项目"的要求进行管理,又能适应不同项目不同个性差异细节操作的统一标准和方法。做到既能体现法人层次对企业所有项目的统一集中决策管理和有效控制,又能充分调动项目经理和项目管理人员的积极性,达到"企业全程控制,项目授权管理,双方责权明确",真正提高法人管项目的效率和水平。

二、"法人管项目"的具体措施和方法

企业必须根据上述"法人管项目"的内涵和整体思路要求并结合市场环境和企业项目管理现状,研究"法人管项目"的具体措施和方法,才能真正实现"法人管项目"。

(一)认识"法人管项目"的重要性和必要性

工程项目管理是建筑施工企业施工管理随着国民经济从计划经济过渡到市场经济的历史产物。研究新形势新要求下的项目管理方法,必须首先了解

项目管理的历史、现状和发展方向,深刻认识到实施"法人管项目"的重要性和必要性。

第一,建筑施工企业的项目管理始终在适应国民经济不断发展变革的要求。

在计划经济时期的六七十年代,建筑施工企业的项目管理处在政企不分的体制下运行。60年代实行了以施工单位为主的大包干制,70年代实行的是以地方行政主管部门或领导为主的工程指挥部制,企业无需面对市场竞争,一切施工任务由国家行政分配,没有经营的自主权和活力,经营粗放,管理落后。80年代实行改革开放后,建筑企业项目管理体制不能适应国民经济的发展要求,国家由此把建筑施工企业由计划经济体制下的任务分配,变革为走向市场调节下的招标、投标制,施工企业为了适应这一需求,相应进行了管理体制的改革,并在引进和学习以"鲁布革"经验为代表的国际施工管理先进经验的过程中,推行了项目法施工,同时也因此形成了项目管理的研究、改革和发展。

第二,建筑施工企业面对现有市场环境和竞争条件,必须不断创新项目管理的模式。

国家在几十年的改革开放中,通过对建筑施工企业采取政企开、自主经营、投标竞争、自负盈亏及转换经营机制、调整经营结构和布局、改革用工分配制度、推行项目法施工、建立现代企业制度等一系列变革发展举措,使建筑施工企业在激烈的市场竞争中经营规模不断扩大,组织、经营、管理结构不断创新,新的体制逐渐形成和完善。但是,改革开放的不断深入也给建筑施工企业相应带来了市场需求环境、市场承发包模式、市场运行法则、市场竞争对手、市场竞争手段的不断变化和企业内部管理结构、决策速度、创新能力的不适应以及由于规模扩张、项目分布点多面广而引起的管理控制力下降,效益跑、冒、漏严重等一系列问题。企业对外应对市场竞争的压力和对内应对项目管理的考验日益增强。企业只有面对现有环境和条件,通过创新项目管理的模式来不断转变管理机制,克服体制弊端,才能提升管理水平,提高竞争实力。

第三,"法人管项目"是施工企业项目管理发展的有效途径和必由之路。

项目管理的实践和现状表明,项目管理的模式必须随着市场环境和竞争条件的变化而不断创新。要使企业目前和未来的项目管理模式和方法能够应对复杂的竞争环境和满足企业因适应市场需求而带来的众多不同区域、不同特点和需求的项目管理需要,就必须理解项目管理的作用和意义,抓住项目管理的实质。项目是施工企业创造经济和社会效益的来源和渠道,是企业实施管理、实现经济和社会效益最大化的平台和基础。抓好项目管理是企业生产经营的目的,也是企业生存发展的保障,而法人又是企业运行管理的核心,企业行使责权的代表。要想真正通过创新模式,提高管理水平和综合实力,提高竞争力,如果不发挥企业法人的核心作用,仍然对企业现有多个不同区域、不同特点和管理要求的项目,按照原有一般项目施工法对每个单一项目进行分散经营决策管理,企业各项目的经营管理就只能各自为政、独立发展,不能形成适应市场竞争需求的综合管理和竞争实力。

企业如果实施"法人管项目"这一管理模式,按上述"法人管项目"的内涵和整体思路要求,把原有对项目进行的单一分散经营管理变成为企业对全部项目的统一、系统的集中管理,实现并提高企业法人层次对项目管理的统一决策、统一管控、统一考核能力,就能实现企业对资源和实力的整合,强化企业的整体协调发展和运行能力,促进综合管理水平和竞争实力的提升。因此,实现"法人管项目"是促进建筑施工企业现在和将来项目管理发展,提高项目管理水平的有效途径,也是适应未来发展的必经之路。

(二)落实"法人管项目"的实践模式和方法

系统地讲,项目管理就是要通过合理的管理模式和科学的管理方法,实现企业经营、管理项目的两大任务和目的。第一,就是对完成项目工程实体的过

项目管理

程指标即工程工期、技术、质量、成本、安全、环境等进行控制和管理,确保达到工程施工标准、工程承包合同约定及企业管理目标的要求;第二,就是对形成工程实体的实物价值即工程经济目标、社会信誉等进行经营和管理,力求实现经济和社会效益最大化。

法人管项目,就是要建立法人层次对项目进行全过程管控的模式和方法,最科学地完成工程管理和成本目标,最大化地实现企业在项目上的经济和社会效益,提高企业综合实力和社会信誉。

建立"法人管项目"的实践模式和方法,实现项目经济和社会效益的最大化,必须力求市场营销、施工管理、项目效益认定与回收三次经营每次效益的最大化。而一个项目的三次经营是相互关联、互为作用的。总结个人以往在企业的实践与体会是要使中建系统"法人管项目"的实践模式能满足上述要求,较有效的方法是应该把现有项目经理部作为对项目跟踪承揽、项目施工管理、项目最终效益认定与回收(即中建三次经营)全过程的实施载体,赋予项目经理部市场营销、项目管理、清防欠三大任务的具体工作的实施职能,在法人层次健全与三次经营相对应的业务决策、管控、服务、考核管理机构与体系,改变企业原来把市场营销、项目管理、清防欠分成三个独立实施主体的模式,把项目经理部作为对一个项目三次经营的实施主体,统筹一个项目的全过程经营,把一个项目经营的全部业务内容归由同一实施主体(项目部)进行实施,让法人层次真正成为决策层,项目经理部成为执行层,再在系统地总结各单位现有项目营销、施工管理、清防欠工作先进经验的基础上,通过实施"一宣教、二健全、三完善、四统一、五集中、六委托、七明确"的系统工程,健全、完善一套企业、全系统认可,标准统一的"法人管项目"的模式和机制,具体步骤和措施是:

首先,要统一实施的方法,通过"一宣教,二健全,三完善"的程序和步骤,夯实推行"法人管项目"的基础。

一宣教:即要在企业进行一次深入、全面的"法人管项目"的宣讲和教育,使企业员工尤其是项目经营管理人员对"法人管项目"的重要性及其内涵和整体思路,有一个更深入、更全面的理解和把握,确保企业全员对"法人管项目"在认识和理解上的高度统一。

二健全:即在统一认识和理解的基础上,根据"法人管项目"的整体思路,改革完善企业现有机构体制和业务流程,建立对应的管理机构,健全决策、管控、服务、考核、兑现的管理业务流程和机制,确保"法人管项目"的体系运行顺畅。

三完善:即在一宣教、二健全的同时,在现行项目营销、施工、清防欠工作管理的基础上,建立完善一整套"法人管项目"的各项具体标准和方法,制定企业统一的"法人管项目手册",并在实践执行中不断完善和创新,确保"法人管项目"的标准科学、方法手段完备。

其次,要明确法人与项目经理部之间的管理责权,通过"四项统一决策,五项集中管理,六项委托授权"的实施步骤和方法,建立"法人管项目"的运行模式与机制。

四项统一决策的模式和机制是:把企业对项目业主的投标和分包劳务的招标,项目签约及预结算,项目主要管理人员和资产配置,项目管理和经济目标确定四个方面的权力统一集中由法人公司相应的管理职能部门按制定的相应业务流程和规定进行组织决策,项目管理人员按制定的相应规定,履行过程参与和基础业务职权。

五项集中管理的模式和机制是:把项目的成本核算与资金使用,材料与机械设备供应,劳务队伍,合约与预结算五个方面的业务管理由法人公司相应的管理职能部门,按制定的相应业务流程和规定集中统一管理、监控(成本由公司集中核算,资金由公司集中管理,材料设备由公司集中供应,劳务合同、预结算由公司集中管理),项目管理人员按制定的相应规定,履行过程参与和基础业务职权。

六项授权委托的模式和机制是:对项目的其他

人事权,生产指挥协调权,工期、技术、质量、安全、环境控制权,成本降低与经济签证索赔权,对外(设计、监理、业主、政府行业主管部门、周边)业务及关系处置权六个方面的业务实行委托授权管理,即由企业法人委托项目经理和项目其他业务管理人员,按公司制定的相应职权责任全权组织实施,法人公司相应业务管理部门按制定的相应规定,履行对相关过程环节和重要要素的检查、监控、审批、审查职权。

第三,是确立法人与项目经理部之间的权责关系,通过"七个明确"的方法,制定"法人管项目"的具体制度和措施。

这"七个明确"的具体内容是:

(1)一个明确的项目管理模式:在"法人管项目手册"中制定企业统一的能够涵盖企业全部项目的"法人管项目"的运行模式、思路,各项业务的管理工作标准和业务流程,使项目经营管理人员事先熟悉企业法人管项目的运行模式、思路、方法和措施。

(2)一个明确的项目管理目标:在"法人管项目手册"中制定企业统一的对项目的工期、技术、质量、安全、环境、成本额、成本降低率等各项管理目标的确定方法及管理实施细则。使项目管理人员事先熟知经营、管理一类项目必须达到的管理目标。

(3)一个明确的项目管理责任:在"法人管项目手册"中制定企业统一的项目经理及项目各类管理人员职责、职权标准,使项目经营、管理人员事先熟知企业法人赋予项目各类经营、管理人员行使的职责、职权标准。

(4)一个明确的利益、风险指标:在"法人管项目手册"中制定企业统一的不同类工程及不同经营、管理目标层次的项目管理人员既得利益和薪酬体系,以及未能履行职责和完成管理目标,应承担的相应的责任和利益关系,并按一定比例对项目经营、管理人员实行承包"风险抵押",使项目经营、管理人员事先熟悉项目经营、管理的目标责任与薪酬利益的关系。

(5)一个明确的经营、管理目标考核办法:在"法人管项目手册"中制定企业统一的项目管理责任目标考核办法,健全考核体系,严格执行项目管理目标考核程序和办法,使项目经营、管理人员事先熟知项目经营、管理目标的考核标准和方法。

(6)一个明确的项目兑现办法:在"法人管项目手册"中制定企业统一的最终审核兑现办法,健全兑现体系,使项目经营、管理人员事先熟知项目经营、管理目标兑现程序和方法。

(7)一个明确的项目经营、管理责任目标合同:在"法人管项目手册"中制定企业统一的"项目经营、管理责任目标合同",约定企业法人与项目经理及各类经营、管理人员之间的上述各种职责、职权、目标与利益关系,使项目经营、管理人事先熟悉"项目经营、管理责任目标合同"内容及应承担项目经营、管理责任的严肃性。

(三)履行"法人管项目"议题研究和实践的永恒使命

变革无限,矛盾永存。对于建筑施工企业来讲,对项目管理的研究是永无止境的。在市场需求及竞争环境和法规不断变化,技术不断更新,项目经营、管理人员素质不断提高的今天和将来,项目管理的不断变革和发展是必然的。既然法人管项目是建筑施工企业项目管理发展的有效途径,也是必由之路,那么,所有项目经营、管理工作者,就必须认真思考如何在不断的发展变革中,发展创新能力,以不断有效地提升项目经营、管理水平,并把不断完善、发展和创新及追赶项目管理的国际先进水平作为研究、探讨和实践"法人管项目"的永恒议题和使命。

总之,项目管理关系到建筑施工企业的生存和发展,"法人管项目"又是企业实践项目管理发展的有效途径和必由之路。它既是企业一个需要实践的现实课题,也是企业一个需要不断发展、创新的长远议题。同时它又是一个系统工程,需要企业各级项目管理工作者统一认识、统一思路、统一方法和措施,共同推进,才能取得实效。

成本管理

加强现金流管理 提升企业管控水平

向 翃

(中海地产集团有限公司,深圳 518048)

"现金为王"的理念一直以来都被视为企业资金管理的中心理念,在企业发展中起着举足轻重的作用,企业现金流量管理水平往往是决定企业存亡的关键所在。在面对日益激烈的市场竞争环境下,企业面临的生存环境复杂多变,通过提升企业现金流的管理水平,可以合理地控制经营风险,提高企业整体资金的利用效率,从而不断加快企业自身的发展,提升企业抵御风险的能力。国资委主任李荣融在2008年4月份的一次央企会议上,特别强调指出,在当前不确定因素增多的情况下,央企要特别注重财务风险防范,高度关注市场形势的变化,强化风险意识,加强现金流量管理,切实做好资金筹划,优化融资和资本结构,防范债务风险。本文尝试从现金流管理的角度,结合房地产企业的经营特点,简要阐述现金流管理在企业经营和管理中所发挥的重要作用。

一、现金流管理的概念和重要性

(一)现金流管理的概念

现金流(Cash Flow)是指一段时间内企业现金流入和流出的数量。传统意义上的现金流管理主要是涉及企业资金的流入流出的管理,但现在我们更偏重于广义上的现金流管理,所涉及的范围就要广得多,通常包括企业的账户及交易管理、流动性管理、投资管理、融资管理及风险管理等。企业现金流管理主要应从规划现金流、控制现金流出发。

房地产企业在销售楼宇、出租物业,或是出售固定资产、向银行借款的时候都会取得现金,形成现金的流入。而为了生存、发展,又会不断地增加土地储备、购买设备、支付工程进度款、支付工资、偿还债务等,这些活动都会导致企业现金流的流出。如果企业手头上没有足够的现金流来面对这些业务的支出,其结果是可想而知的。从企业整体发展来看,现金流比利润更为重要,它贯穿于企业的每个环节。在现实生活中我们可以看到,有些企业虽然账面赢利颇丰,却因为现金流量不充沛而倒闭;有的企业虽然长期处于亏损当中,但其却可以依赖着自身拥有的现金流得以长期生存。企业的持续性发展经营,靠的不是高利润而是良好、充足的现金流。

(二)现金流管理的重要性

按照现金流量的内容不同,我们可以把现金流量分成三类来加以反映,即经营活动产生的现金流量、筹资活动产生的现金流量和投资活动产生的现金流量。这三类现金流量可全面反映企业的现金流入的来源和流出的去处,从而可分析企业现金的潜力和展望企业发展的前景,从中可发现现金流管理的重要性。

1.对现金流量的反映可以增强企业决策的实效性。现金流量按收付实现来设置,与实际资金运动相一致。采用现金流量信息来反映企业的实际支付能力、偿债能力、资金周转情况,对于企业经营决策更具实效。

2.增强现金的净流量可以增强企业的应变能力。时下科技发展日新月异,科技成果的应用周期不断缩短,这就要求企业具有较强的应变能力。企业的应变能力反映在财务状况上,就要求有较强的投入能力。

3.现金流量是改善企业财务状况的抓手。来自企业自身积累的现金流量,可以降低企业的债务水平,减少利息负担,可以转化为有效的资源,增强企业的获利能力。

4.现金净增量是企业实现规模扩张的重要资金来源。企业债权人、投资人最关心的是企业经过一段时间的经营,是否有足够的现金支付利息和股利,是否有足够现金清偿到期债务以及扩大企业经营规模。一定的现金流量是企业自身的资本积累,也可以增加债权人和投资人的信心,从而可以增加投资和贷款,为企业规模扩张创造良好的资金条件。

现金流的特点决定了现金流管理在企业经营活动中起着举足轻重的作用。房地产企业属于资金高度密集型企业,是通过大量的资金投入来获取一定的回报的,现金流的好坏直接影响企业的生存能力,相比其他企业而言,现金流就显得更为重要。

二、加强现金流管理应采取的主要措施

落实好现金流管理对于企业的发展十分重要,这就要求企业管理人员,特别是财务管理人员在日常的财务管理工作中要转变观念,把工作重心转变到现金流的管理上来。一切财务管理工作的核心就是现金流管理。利润固然重要,但现金流更为重要。我认为作好企业现金流管理,应主要从以下几个方面着手。

(一)切实推行全面财务预算管理

全面财务预算管理作为现代化的企业管理手段,国际上20世纪80年代已经全面推广,在国内一些较大的企业也已经实行。全面财务预算管理要以现金流量为中心,将企业生产经营、投资及资本运营的各个环节全面纳入预算体系中来,并通过预算的制定,实现企业上下沟通、全面协调、目标一致;优化企业流程,保证企业资源效应最大化;努力降低各项费用,减少现金流出。结合企业的实际情况,全面财务预算可以实行弹性预算制度、滚动预算制度等不同的方法。

财务预算在房地产企业中十分重要,一般采取滚动预算的方法进行编制。

1.现金流量的预算管理要以营业收入为重点。

现金流入预算是现金流量预算的重要内容,而售楼收入则是房地产企业现金流入的重点。在编制售楼收入预算时,企业应根据销售部门提供的可售资源数量,结合各项目的发展进度,在充分考虑市场形势的基础上,合理判断楼宇价格走势,在与销售部门充分沟通后,共同来对销售指标进行准确预测,从而编制出较为科学、合理的现金流入预算。

为了保证售楼收入预算的实现,要采取切实可行的措施,强化预算的运行控制。在实际过程中,要对售楼收入预算及时进行检讨,滚动调整预算指标,保证预算指标能更符合实际情况。

2.现金流量预算管理要以科学控制现金流出量为原则。

现金流量预算必须严格控制资金支出,合理调度资金,保证企业生产、建设、投资等资金的合理需求,提高资金使用效益。在编制现金流量预算时,要注意资金支出的细化管理。首先,各部门要根据各自的业务情况制定本部门的资金支出预算方案,呈报企业财务主管部门,企业财务主管部门根据各业务部门测算的现金流出量,进行综合平衡、分析,编制企业现金流量预算,呈报企业领导审批。财务部门对支出预算进行总量集中控制,资金统一调配,按预算

严格管理。对于预算外支出,建立严格的审批制度,对金额较大的支出,实行集体决策审批。

房地产企业的现金支出主要以地价支出、建安费支出、设计费支出、营销费支出、财务费支出、管理费支出以及各项税务支出等为主,各业务部门需要按照时间进度,按照项目的发展周期情况,编制分项目分类别的现金支出预算,纳入总体资金平衡计划中。如果出现负现金流时,需及时调整现金支出计划,确保企业的安全运行。

3.现金流量预算要以建立严格完善的管理体系为保障。

任何严密的现金流计划,必须做到切实可行才能为企业服务,为保证财务预算特别是现金流预算的可执行性,必须建立一套完善的保障体系,才能真正起到作用。首先,要建立全面、完善的年度现金流量预算体系,作为年度经营指标的重要组成部分,来指导公司的各项综合管理工作。其次,要建立完善的月度、季度滚动现金流量预算,根据市场形势和公司经营管理的需要,及时调整公司的经营方针和目标。第三,要加强对现金流量的分析,建立科学的分析考核体系。

(二)强化营销策划工作,提高销售和销售回款率,增加现金流入

营销工作是现金流入的重要途径和手段,通过积极的营销策划和组织,争取能在合理的价格水平上,将企业的楼宇尽早销售出去,实现商品的合理流动,同时,积极回款,保证企业现金流入,为企业的发展提供更多的现金保证。

1.加强营销策划工作,为销售楼宇作好前期铺垫和准备。在充分进行市场调研的基础上,提出营销策划建议,针对不同产品类型以及不同的客户群体,采取不同的营销方式,做到有的放矢,争取客户资源。营销策划工作,需要整合各类社会资源,在对产品正确定位后,通过各种媒体、广告宣传方式等对产品进行推广,提高产品的市场知名度和占有率。

2.加强楼宇销售的组织和管理工作,实现良好的销售业绩。在满足销售条件的前提下,发动全公司的力量,组织楼宇销售工作。在实施中,需要各业务部门通力配合,精心组织,共同将销售工作做好,为现金回流创造条件。

3.积极回收楼款收入,实现流金流入。在确认楼宇销售成功后,财务部门应会同营销部门做好楼款收入的现金回收工作,按照销售合同约定的收款进度,积极跟踪客户的缴款情况,需要采取银行按揭方式付款的,积极与银行联系,缩短按揭办理时间,提高回款率。

(三)加强成本控制,减少资金支出,提高资金的使用效率

成本控制是企业管理中永恒的主题,成本水平的高低,决定了项目的回报水平,成本控制合理,可以减少企业的现金流出,为企业发展节省宝贵的资金资源,促进企业管理水平的提高。

1.合理控制土地成本。在房地产企业中,土地成本的高低,会决定项目的整体发展情况,决定项目的总体成本情况,土地成本也直接影响企业的现金流出。一般情况下,土地一旦获得,地价支出对企业现金影响是最明显的,采取招拍挂方式获得的土地,地价支付进度快;采取协议转让方式获得的土地,付款进度可以适当弹性一些。这就需要我们在实际运作中掌握土地款的付款节奏,降低地价付款进度。

2.加强对建安成本的管理和控制。建安成本是房地产企业成本控制的重点和难点,也是房地产企业成本的重要组成部分。由于项目施工的不确定性以及非标准型,建安成本的组成也具有不同的特点。但是,为控制企业现金支出,需坚持以工程合约来严格控制工程款的支出,建立合理的成本标准,采取定额管理的办法,确定不同物业类型成本控制的数据库,分析成本的构成情况,指导建安成本的控制目标,进而降低企业的建安支出。

3.严格项目管理费用的支出。在项目开发过程中的管理费支出,同样是项目成本管理的一个重要环节,需加强对人员、架构的合理安排,从组织结构上入手,控制费用支出。

(四)加强负债管理,优化企业贷款结构

积极参与资本市场负债是企业现金流出的主要渠道。解决办法:一是资本运作,通过资本市场筹集资金,增加企业权益资金的比重,降低负债率;二是优化企业负债结构,合理安排各项负债,努力做到让负债的到期结构与企业的现金量相匹配、一致,保证债务的到期偿还。这样企业的负债成本才会降低,才会减少现金流出。

房地产企业是资金密集型企业,合理安排资金,可降低企业的成本负担,提高项目的回报水平。在进行负债管理中,需按时间滚动编制项目的现金流量表,融资安排与现金流量表密切配合,降低资金成本。贷款结构上要做到短中期贷款相结合,在售楼收入及时入账的情况下,可随时安排归还银行贷款,控制财务成本。

(五)加强税收政策研究,进行合理税收筹划

企业要加强对税收政策的研究,加强对国家有关企业改革政策的研究,将这些政策同合理安排企业的生产组织方式、调整企业的销售和结算方式、调整企业内部资源分配方式、调整企业的会计制度等结合起来,充分利用相关政策,合理进行税收筹划,努力降低税负,减少现金流出。

房地产企业的税收政策是相当复杂的,也是相当严格的,我们需要加强对税收政策的研究和探讨。在房地产企业,按照国家税务总局的有关文件规定,实行企业所得税、土地增值税预缴制度,这对企业的现金流影响很大,我们只有在充分了解政策的基础上,才能提出合理的税收筹划手段,在不损害国家利益的前提下,做好企业的税务研究和管理工作,既做到合理纳税,同时还维护企业的利益,降低税赋水平,节省现金支出。

三、现金流管理要和企业监督和风险控制有机结合起来

现金流管理的重要性决定了我们必须采取强有力的措施和手段加强对现金流的控制和管理,提升企业的管控水平。现金流管理在企业中也是风险程度很高的环节,由于与企业的经济利益密切相关,与货币现金直接相连,在实际实施过程中,需加强对各环节的监督和控制,规避企业风险。

(一)加强业务制度建设,制定监督机制

现金流包括经营活动现金流、投资活动现金流和筹资活动现金流,涉及企业经营活动的各个环节。如何在企业正常经营的情况下,保证现金的安全,保证公司员工能够廉洁自律,是必须考虑的问题。

1.建立健全企业的各项管理制度。企业的各项经营活动均与现金有关,加强现金流的管理,要与企业的各项管理制度紧密结合起来。按照制度规定对现金流涉及的事项进行合理管理和控制。完整的管理制度涉及投资管理、营销管理、设计管理、工程管理、物资管理、设备管理、财务管理等,各项管理制度中要明确现金流管理的控制手段以及处罚措施,真正起到加强管理的作用。

2.设立监督管理部门,强化监督职能。审计监察部门要作为企业的常设部门,主要是监督企业按照公司的各项规章制度进行合理运营,同时还要负责查处企业经营活动中的违纪违法行为,保证现金的安全,保证经营环节的安全。

(二)加强风险控制,提高管控水平

现金流的管理从预算管理入手,必须根据市场的经营环境进行分析判断,进而作出经营决策,这样会增加一些主管判断的因素,现金流分析的准确性就会起到十分重要的作用。在进行决策时,必须充分考虑风险因素,制定规避风险的措施和方法。对于如市场风险等不可控风险要从正确分析、合理判断、统筹决策入手,提高决策的科学性和准确性,将风险水平降低到最低水平,对于如管理风险等可控风险,要提高我们的总体经营运作水平,制定相互制约机制,杜绝风险的发生。

现金流管理是企业经营管理的核心内容,我们只要抓住了现金流管理的要点,就可以保证企业的经营处于安全运行的轨道上,提高我们的管控水平,进而为企业创造更好的经济效益。

成本管理

关于建筑施工企业项目成本管理的思考

李治平

(中建四局第三建筑工程有限公司，贵州 遵义 563003)

随着建筑市场竞争的日趋激烈，施工企业的利润空间越来越小，对工程项目的成本管理就变得越来越重要。有的建筑施工企业项目成本管理的效果好，能够实现项目的利润目标，但是也有一些建筑企业在项目成本的管理和控制方面做得比较差，往往不能实现对成本的管控，甚至项目到底是怎样赢利和亏损的都说不清楚。因此，必须坚持科学的成本管理原则，遵循正确的成本管理程序，弄清成本管理的具体内容，抓住成本管理的关键环节并采取相应的措施，实施有效的项目成本管理，才能有效控制项目成本，为企业创造更大的经济收益。

一、建筑施工企业项目成本管理的主要内容

建筑施工企业的成本管理，主要是工程项目的成本管理。项目成本是指在工程项目上发生的全部费用的总和，包括直接成本和间接成本。工程项目成本管理，是在保证满足工程质量、工期等合同要求的前提下，对工程项目实施过程中所发生的成本费用支出，有组织、有系统地进行预测计划、控制、核算、分析、考核等进行科学管理的工作，它是以降低成本为宗旨的一项综合性管理工作。

二、建立健全项目成本管理责任体系

由于项目成本涉及的部门较多，在纵向结构上层次也较多，为防止责任不清造成相互扯皮推诿，项目成本管理一定要建立一个分工明确、责任到人的成本管理责任体系。首先，成立以项目经理为中心的成本控制体系，必须明确项目经理是项目施工成本管理的第一责任人；其次，按内部各岗位和作业层进行成本目标分解；再次，明确各管理人员和作业层的成本责任、权限及相互关系。在工程项目施工过程中对成本进行全员全过程的动态管理，项目经理部应对施工过程中发生的各种消耗和费用进行责任成本控制，并承担成本风险。公司对项目经理部的成本控制进行指导、服务和监督。建立项目经理责任制和项目成本核算制是实行项目成本管理的关键，而"两制"建设中，项目成本核算制是基础，否则，项目经理责任制将流于形式。

三、建筑施工企业项目成本管理的流程

根据工程项目成本管理的要求和特点，工程项目成本管理的流程包括：成本预测、成本计划、成本控制、成本核算、成本分析、成本考核等。项目经理部在项目施工过程中，对所发生的各种成本信息，通过有组织、有系统地进行预测、计划、控制、核算和分析等一系列工作，促使工程项目系统内各种要素，按照一定的目标运行，使施工项目的实际成本能够控制在预定的计划成本范围内。

(一) 成本预测

成本预测是指通过取得的历史数字资料，采用经验总结、统计分析的方法对成本进行判断和推测，其实质就是工程项目在施工以前对成本进行测算。通过成本预测，一是为挖掘降低成本的潜力指明方向；二是为建筑施工企业经营决策和编制成本计划提供依据。项目成本预测是实行项目施工科学管理的一项重要工具，使项目经理部在满足业主和企业要求的前提下，选择成本低、效益好的最佳成本方案，并能够在工程项目成本形成过程中，针对薄弱环节，加强成本控制，克服盲目性，提高预见性。

成本管理

(二)成本计划

成本计划是项目经理部对工程项目成本进行计划管理的工具。它是以货币形式编制工程项目在计划期内的生产费用、成本水平、成本降低率以及为降低成本所采取的主要措施的书面方案。它是建立工程项目成本管理责任制、开展成本控制和核算的基础。一般来讲,一个工程项目成本计划应该包括从开工到竣工所必需的施工成本,它是该工程项目降低成本的指导文件,是设立目标成本的依据。可以说,成本计划是目标成本的一种形式。

(三)成本控制

工程项目成本控制指项目在施工过程中,对影响工程项目成本的各种因素加强管理,并采取各种有效措施,将施工中实际发生的各种消耗和支出严格控制在成本计划范围内,严格审查各项费用是否符合标准,计算实际成本和计划成本之间的差异并进行分析,消除施工中的损失浪费现象,发现和总结先进经验。通过成本控制,使之最终实现甚至超过预期的成本目标。工程项目成本控制应贯穿在施工项目从招投标阶段开始直至项目竣工验收的全过程,它是企业全面成本管理的重要环节。对于建筑施工企业,在确定了合同价格后,它的经济目标就完全通过成本来控制了。在实际施工中,若忽视成本控制,将成本处于失控状态,只有工程结束后,才知道实际成本支出,这时已无法对损失进行弥补。因此,必须明确各级管理组织和各级人员的责任和权限,这是成本控制的基础之一,必须给以足够的重视。

(四)成本核算

成本核算是对工程项目施工过程中直接发生的各种费用进行的项目施工成本核算。它包括两个基本环节:一是按照规定的成本开支范围对工程施工费用进行归集,计算出工程项目施工费用的实际发生额;二是根据成本核算对象,采取适当的方法,计算出该工程项目的总成本和单位成本。工程项目成本核算所提供的各种成本数据,是项目成本管理的依据和基础,没有项目成本核算,其他成本分析、成本控制、成本考核等工作就无从谈起。因此,加强工程项目成本核算工作,对降低工程项目成本、提高企业的经济效益有积极的作用。

(五)成本分析

成本分析是在成本形成过程中,对工程项目成本进行的对比评价和剖析、总结工作。工程项目成本分析主要是利用工程项目的成本核算资料,全面检查与考核成本变动的情况,将目标成本(计划成本)与工程项目的实际成本进行比较,了解成本的变动情况,系统研究成本升降的各种因素及其产生的原因,检查成本计划的合理性,并通过成本分析,深入揭示成本变动的规律,寻找降低工程项目成本的途径,以有效地进行成本控制,减少施工中的浪费。

(六)成本考核

所谓成本考核,就是工程项目完成后,对工程项目成本形成中的各责任者,按工程项目成本责任制的有关规定,将成本的实际指标与计划、定额、预算进行对比和考核,评定工程项目成本计划的完成情况和各责任者的业绩,并以此给以相应的奖励和处罚。通过成本考核,做到有奖有罚,赏罚分明,才能有效地调动企业的每一个职工在各自的施工岗位上努力完成目标成本的积极性,为降低工程项目成本和增加企业的积累,作出自己的贡献。

四、建筑施工企业项目成本管理中存在的主要问题

(一)项目成本管理意识淡薄,人员责任心不强

由于长期受到计划经济管理体制的影响,项目管理人员忽视工程项目成本的管理和控制。一些工程虽然实施了项目成本管理,但对成本管理的认识程度差距较大。例如:项目管理层和作业层成本管理意识不强,只管干完活、干好活,怎么省事怎么干;有时,由于管理层各职能部门的脱节,工程有预算没有核算,干了额外活儿,没有签证,没有记录;有变更没有预算;虽有项目经济分析,但搞不清节超的原因,搞不清是哪个阶段的节超,哪个分部工程的节超,从而出现一些项目前期赢利、中期保本、后期亏损的不正常现象;有些项目没有责任制,没有目标成本分解,加上现场人员流动较频繁,工作不连续,人员责任心不强。

(二)缺乏全员的成本管理思想,项目成本管控能力较弱

项目成本管理是一项复合性工作,需要多个部门

相互配合,工程、材料、商务预算、财务任何一个环节出现纰漏,都会造成项目成本损失。在有些项目经理部,往往表面上看起来分工明确、职责清晰、各司其职,唯独没有成本管理责任,缺乏全员成本管理思想。如技术人员只负责技术和工程质量,为保证工程质量,采用了可行但不经济的技术措施;工程组织人员只负责施工生产和工程进度,为赶工期而盲目增加施工人员和设备,导致窝工现象发生;材料管理人员只负责材料的采购和发放工作,如果现场材料数据不精确,必然会导致材料二次倒运费的增加等,这些必然会造成成本增加。项目经理关心利润,但是对成本开支的具体情况过问较少。有的项目缺乏健全的规章制度,基础管理工作不落实。如领料无限量、用工无定量、费用开支无标准等,导致成本管理失控,以致出现亏损时找不出问题的关键,更无法"对症下药",致使企业效益下滑。

(三)没有建立健全的、责权利相结合的成本管理体制

企业在实施项目成本管理中普遍存在项目经理的"责、权、利"不落实,工程项目各部门、各岗位没有具体、明确的成本管理责任,难于考核其优劣,没有真正将项目成本与项目管理人员的经济利益挂钩,成本节超与个人收入不挂钩,没有形成完善的责权利相结合的成本管理体制。因此,项目管理人员往往是满足于产值、进度、质量、安全等方面指标的完成,对成本情况并不关心,对直接关系到成本费用高低的人工、材料、机械使用等方面的节约控制关心较少,不少人根本不知道自己所负责工程部分的计划成本和实际成本情况。即使上级部门强令其开展成本管理,项目经理及工地管理人员也是被动消极的,成本管理流于表面形式的比较多。

(四)缺乏对项目实施全过程的成本控制

项目成本管理不仅仅包含成本核算,作为事后控制主要内容的成本核算只对实际发生的成本进行记录、归类和计算,反映实际执行的结果,并作为对下一循环成本控制的依据。由于建筑工程的生产过程具有一次性的特点,成本的管理重心应当移向事前的预测和事中的过程控制。当前,许多施工企业对项目的成本管理缺乏事前预测计划和施工过程中的控制管理,仅仅在项目结束或进行到相当阶段时才对已发生的成本进行核算,显然已经为时过晚,成本控制的效果可想而知。

五、加强建筑施工企业项目成本管理的几点建议

(一)要注意提高项目部的成本意识和整体素质

建筑市场竞争日益残酷,建筑企业承受着各种风险考验,这就要求项目管理人员不仅要具备较强的业务技术水平、职业道德素质和开拓、创新能力,还要提高风险防控能力,加强目标管理,防范风险,向科学管理要效益。项目经理作为企业法人在项目上的代表人,以项目经理为代表的项目管理班子的素质很重要,如果这层人素质低,将直接反映为整个项目的管理水平低下,因此,要想方设法提高项目管理班子的整体素质,特别是项目经理的素质。通过组织进行内部交流学习,向同行吸取先进经验,不断提高项目经理的管理水平。项目成本管理涉及项目组织中的所有部门和员工的工作,并与每一个员工的切身利益有关,因此应充分调动每个部门和每一个员工控制成本、关心成本的积极性,真正树立起全员控制的观念。努力把工程项目部建设成一支懂经营、善管理、优质低耗的施工管理团队。

(二)抓好成本预测计划,确定成本目标,完善项目承包合同

项目成本的管理,首先必须抓好项目成本的预测预控。工程签约后,公司和项目部同时开展编制施工预算、成本计划,然后根据上述数据进行对比、校正,再结合当地人工、材料、机械的市场价,测算出工程实际总成本。在项目的各项成本测算出来后,公司与项目部签订承包合同,在承包合同中,对项目成本、成本降低率、质量、工期、安全、文明施工等承包指标翔实约定,奖罚明确。公司不但要给项目部下达管理费上缴金额,而且最关键的是要下达目标成本指标加以控制和约束,使项目部知道不仅要保质、保量按期完成施工任务,而且还要在此基础上管好和控制好成本费用的开支,确保管理费的足额上缴。通过合同的签订,确保项目部和公司总部责、权、利分明,双方按合同中的责任,自觉地履行各自的职责,以保证项目目标成本的实现。

(三)加强项目材料管理,降低工程材料成本

加强材料管理是项目成本控制的重要环节,一

般工程项目,材料成本占造价的60%左右,控制工程成本,材料成本尤其重要,材料费节余将影响到整个工程的节余,而且材料费具有较大的节约潜力。材料管理必须是全方位、全过程管理。首先,工程中标后,公司和项目部组织编制施工预算,经过审批后的施工预算作为项目部编制材料需求量计划的依据,同时也是项目部对操作层限额领料的依据。材料消耗量按理论用量加合理损耗的办法与施工作业队结算,节约时给予奖励,超出时由施工作业队自行承担,促使施工作业队更合理地使用材料,减少浪费。如施工过程中发现超额用料,材料管理人员必须立即查核原因,如属工程变更造成,必须有工程变更证明材料方可领用,强化材料计划的严格性。其次,合理确定材料价格。材料价格同样是降低材料成本的关键。要确定材料价格,必须组织工程、物资、财务等人员到材料供应地进行充分的调查,货比三家,争取找到供货或提供服务的源头,以最优惠的价格取得供应商;但并不是材料价格越低越好,还要把好材料的质量关。

(四)加强施工现场管理,科学组织施工

(1)选择实力强、信誉好、工人素质较高的劳务分包队伍,以保障工程质量和进度满足合同要求,降低质量成本。

(2)在施工过程中,依靠科学技术创新,因地制宜,积极推广应用新技术、新工艺、新材料。改革落后的传统工艺和做法,不仅能够提高工程质量,同时,因减少人工、材料以及设备的投入等,工期缩短,会有效地降低工程成本。

(3)加强安全管理,杜绝安全事故,减少事故损失。加强安全管理要着眼于预防事故的发生,降低工程施工的生产经营成本。

(五)加强工程质量控制,杜绝返工和减少维修费用

在施工过程中,要严把工程质量关,采取防范措施,消除治理通病,做到工程一次成形,一次合格,杜绝返工现象的发生,以免不必要地加大工程成本。企业在树立质量为本、质量兴企思想的同时,应当明确,对施工企业而言,无论是对质量投入的不足或过剩,都会造成质量成本的增加。因此,要实行全面质量管理,在每个分项工程开始时,都要进行详细的技术交底,从施工规范方面严把质量关,采用科学管理、先进实用的施工工艺和技术措施,建立工序质量签证制度,确保每一道工序的质量都符合规范要求,避免因为出现质量事故而导致成本增加;同时,在确保施工质量达到设计要求和合同约定的质量目标的前提下,尽可能降低工程成本。

(六)加强合同管理,控制工程成本

(1)合同管理是施工企业管理的重要内容,也是降低工程成本、提高经济效益的有效途径。施工项目的各种经济活动,都是以合同或协议的形式出现的。如果合同条款不严谨,就会使自己蒙受损失时应有的索赔得不到支持,造成损失。所以必须细致、周密地订立严谨的合同条款。

(2)项目施工合同管理的时间范围应从合同谈判开始,至保修日结束止。施工过程中的合同管理,重在加强合同履行过程控制与索赔管理。项目在履约过程中,一方面要认真研究分析合同,正确行使合同赋予的权利;另一方面,要重视合同履约过程中的索赔管理,随时关注现场动态,做好索赔的各项基础工作,特别是对那些变更新增工程项目,必须与建设单位及时协商,确定价格,以便索要工程款。

(七)加强项目成本全过程跟踪监控制度,完善成本约束机制

项目成本形成的全过程,从施工准备开始,至工程竣工结束,项目成本的发生涉及项目的整个周期。要加强项目成本全过程跟踪监控制度,及时纠正、修正施工过程中发生的问题,避免造成不可挽回的损失。因此,公司应成立由纪检、审计、工程、财务等部门组成的项目成本监察大队,每季度检查审核一次,在确认没有问题时,项目经理可继续任职,否则应予撤换,以免造成更大的损失,使工程项目成本自始至终处于有效控制之下,保证企业赢利目标的实现。

结束语

实践证明,加强建筑施工企业项目成本管理是施工企业创造经济效益的必由之路。项目成本管理是一项整体的、全员的、全过程的动态管理活动。施工企业应当及时把握项目成本的动向,以便采取切实可行的措施,确保工程项目优质、低耗,促使工程项目成本不断降低,进而提高企业整体经济效益,推动整个企业成本管理水平的提高。

成本管理

浅谈市场环境下的工程结算

康继志

(北京住总集团有限责任公司工程总承包部，北京 100026)

摘　要：随着市场化运转的不断深入，越来越多的法务人员参与到工程结算当中，建设单位已经不再认同政府部门出具的指导性意见，并利用强势地位，更多地运用法律手段与施工单位争夺利益。我们呼吁行业管理部门加强对咨询公司的行业管控，改变按照核减额度收取审核费用的收费方式，并加大对其违规行为的惩处力度；修订、完善关于改变建设工程备案合同实质性条款的补充协议的备案制度；制定出台强制性的法规政策并与政府及法律等监管部门具体操作配套执行来引导建筑市场的良性发展。

关键词：结算管理，指导意见，行业管控，强制性法规

一、引　言

近一年来房市萎缩、房价回落、原材料大幅上涨等原因，造成开发商资金紧张，合同价格与结算价格的差异增大，工程结算问题久议不决，已经越来越严重地影响到工程款的正常拨付，进而影响到施工企业的资金正常运转。由于建筑企业绝大部分的工程造价调整集中在竣工结算阶段，结算结果的好坏和结算期的长短，对企业的正常运营起着至关重要的作用。由于结算问题导致的资金不能如期拨付，已经影响到越来越多的专业分包企业、材料供应厂商、劳务分包队伍等一系列低端协作单位的资金正常运转，负债经营模式已经蔓延到整个建筑经济链条的各个环节，随时有断裂的可能。那么，如今市场环境下的工程结算工作何以推进如此艰难，为探究其原因而引发了下面的思考。

二、本单位结算工作要点及经验

作为大型国有企业，为了加强工程总承包部经营管理工作，规范经营管理行为，不断提高工程总承包部的经营管理水平，依据国家有关法律、法规，结合工程总承包部的具体情况，针对工程结算，我公司制定了较为完善的结算管理办法，指导、规范所属项目经理部的洽商管理及结算管理工作，并在实施过程中不断修订完善。

（1）过程管理：由项目经理部起草的工程洽商或现场签证记录，必须在理解合同条款的基础上合理办理。对于合同约定调增额度以下，增加成本的变更洽商项目经理部慎办；对于合同约定调增额度以上的变更洽商，项目经理部预算人员依据洽商编制出费用调增报告，应尽量经发包人确认后再行施工。当施工现场的实际施工情况与招投标时的情况发生变化后，项目经理部应及时请发包人对现场情况进行书面签认，并保存好签认记录。对于发包人临时性的指令，项目经理部应及时整理成书面记录并经发包人签认，保存好签认记录。若发生重大的设计变更、工程洽商和现场签证(提高建筑物使用标准、增加建筑物面积、改变建筑物使用功能等)，须报工程总承包部经营管理部、技术质量部审批把关，并在发包人给予确认后，再行施工。

工程洽商和现场签证记录的文字应简练、准确、严谨、通顺，避免产生歧义，洽商变更事项要交代清楚，技术要求和相关参数应合理、正确、标注齐全，必要时应引用图纸或附图，不仅能满足施工需要，也能够为费用计算提供充足依据。对于设计变更、工程洽商和现场签证，必须签字齐全，并按照先签认后施工的原则进行办理。在督促相关方进行签认的过程中，必须采取书面的形式进行。设计变更、工程洽商和现场签证涉及工程造价增减的，在办理后由项目经理

部预算人员按合同约定计算发生的费用,经项目经理签字后按合同要求时限及时报发包人进行审核签认。设计变更、工程洽商和现场签证涉及工期调整的,在洽商办理后由项目经理部技术部门配合生产部门按合同要求重新编制进度计划,经项目经理签字后及时报发包人,要求进行工期调整。

项目经理部在施工过程中与相关方进行交流时,要以书面的形式进行,并将交流记录资料建立台账进行编号管理。项目经理部在管理过程中,应注重资料的积累管理,包括:洽商、会议纪要、来往函件、照片录像、承诺函、协议书等全部书证材料,以备将来一旦发生争议能提供基础资料。项目经理部应依据工程总承包合同的约定,将作技术处理和经济处理的洽商进行分类编制、汇总。项目经理部应将只作技术处理的洽商反馈给技术、财务部门,减少只有成本支出,没有收入的洽商发生。项目经理部应建立工程洽商台账,及时记录,每月汇总,随时向项目经理反馈洽商收入情况,并和经营管理部沟通洽商办理情况。

(2)工程结算管理:编制的依据包括:建设工程施工合同及补充协议、招标文件、答疑文件、投标文件、洽商增减账、会议纪要、现场签证、工程索赔文件、竣工验收单、甲指乙供、甲供设备材料文件(甲方批价单,经过监理或甲方审批的施工组织设计和施工方案)等与工程结算有关的资料和法律、法规、政策规定。工程竣工验收合格后,项目经理部须在建设工程施工合同约定的时间内编制工程结算,经工程总承包部经营管理部审核盖章后,报送发包人,确保从报送时限上不违约。工程结算签回时限:结算报出后随时与发包人联系洽谈,项目经理部不得作出损害企业利益的承诺,按合同约定时间签回结算,完成结算谈判工作并签回结算书。项目经理部在结算谈判中,涉及让利、甲方压价和额度较大的分歧等情况时,必须分析成本情况,把成本分析结果逐级汇报工程总承包部主管领导,经领导审议同意后,在确保上缴费率和项目经理部成本不亏损的前提下,确定让利额度。在工程结算经建设单位签认盖章后,项目经理部对工程竣工结算造价作出人工、材料、机械各项费用及管理费用的分析。

为提高结算质量,减少争议,必须搜集、整理好竣工资料,包括:工程竣工图,设计变更通知各种签证,主材的合格证、单价等。竣工图是工程交付使用时的实样图。对于工程变化不大的,可在施工图上变更处分别标明,不用重新绘制;对于工程变化较大的一定要重新绘制竣工图,对结构件和门窗重新编号。竣工图绘制后要请建设单位建筑监理人员在图签栏内签字,并加盖竣工图章。竣工图是其他竣工资料的纲领性总图,一定要如实地反映工程实况。设计变更通知必须是由原设计单位下达的,必须要有设计人员的签名和设计单位的印章。由建设单位现场监理人员发出的不影响结构案例和造型美观的室内外局部小变动也属于变更之列,但必须要有建设单位工地负责人的签字并还要征得设计人员的认可及签字方可生效。各种签证资料、合同签证决定着工程的承包形式与承包资格、方式、工期及质量奖罚;现场签证即施工签证,包括设计变更联系单及实际施工确认签证;主体工程中隐蔽工程签证;暂不计入但说明按实际工程量结算的项目工程量签证以及一些预算外的用工、用料或因建设单位原因引起的返工费等。其中主体工程中的隐蔽工程及时签证尤为重要,这种工程事后根本无法核对其工程量,所以必须在施工的同时,画好隐蔽图,检查隐蔽验收记录,再请设计单位、监理单位、建设单位等有关人员到现场验收签字,手续完整、工程量与竣工图一致方可列入结算。这些签证最好在施工的同时计算实际金额。交建设单位签证,这样就能有效避免事后纠纷。因为设计图纸对一些装饰材料只指定规格与品种,而不能指定生产厂家。目前市场上的伪劣产品较多,就是同一种合格或优质产品,不同的厂家和型号,价格差异也比较大。特别是一些高级装饰材料,进货前必须征得建设单位同意,其价格必须有建设单位签证。对于一些涉及工程较多而工期又较长的工程,价格涨跌幅度较大。必须分期、多批对主要建材与建设单位进行价格签证。签证是结算的计算依据,它必须数据准确。

三、引用工程结算事例描述工程结算现状以及行管部门指导意见在市场环境下的效用

在建筑业行管部门不断加强宏观调控之下,随着造价人员职业化水平的提高,以及很多建设单位委托专业咨询公司共同审核工程结算,由于建设单位设计变更要求增加工程量或改变做法等导致的费用增加或减少,在上述严格的管理制度下,双方的争议已经越来越少,而大部分甲方委托的咨询公司是以

结算核减的额度来收取业务费,对于建设单位如实报送的工程结算,咨询公司将因为没有核减量而没有任何收入,因而为了其自身的生计问题,有些咨询公司会将按照行管部门发布的指导意见、通知中涉及人工、材料市场价格风险调整的内容、因建设方原因导致的索赔事项,以及部分现场签证等纳入其核减的范畴,并告知建设单位此部分内容应予以扣减。而不是按照行管部门通知要求的由建设单位与施工单位本着实事求是、公平公正的原则协商解决。使得结算的重点和难点问题以及重大分歧越来越多地出现在现场签证、风险及索赔等方面。也使得施工单位陷入一种尴尬的境地。作为一名自律的造价人员,反而难以适应现今的市场环境。如果在编制结算过程中不加大水分多报送一部分让咨询公司核减,应有可能因为咨询公司未达到核减比例和额度将会导致正常的结算工作无法按期完成,很可能无法进行正常结算,而这部分审核费用又通过建设单位要求由施工单位承担咨询费用等手段由建设单位转嫁到施工单位上来。有些建设单位为了控制施工单位报价,又往往在合同约定:核减率如超过某一比例,整体结算让利等条款,使本应很正常的结算变得更加混乱。

此外,建设单位不执行行管部门的指导意见而导致的分歧,同样引起很大的争议。例如,由我部负责施工的某危改住宅小区工程于2007年5月份竣工。工程结算报送建设单位后,其中依据北京市建委造价处2006年3号文件以及2007年1号文件编制的人工费价差(涉及额度约900万元),建设单位在其委托的咨询公司的授意下全部予以扣减。施工单位在极力解释、退让未果的情况下,将情况汇报到上级行管部门,并在建委的协调下,由建委造价处领导向建设单位针对双方争议的关键:甲供材料税金是否应从合同中扣减、材料及人工价差的调整原则、现场签证的费用计算等依据相关文件及精神进行了结算并就争议事项提出了相关意见、建议,但建设单位出席协调会的法务代表均以"合同中未约定,除非强制性法规,我方可以不执行"为理由,而拒绝对人工、材料及签证等进行结算确认,致使争议问题至今未能解决。而由此给施工单位带来的巨额债务长时间得不到解决,已经严重影响到施工企业、分包企业、材料供应商、劳务分包队伍等一系列建筑经济链条的正常运转。

更有些建设单位利用强势地位,通过签订补充协议的形式与施工单位签订阴合同,以此改变备案合同实质性条款,并利用了法律出于维护秩序的初衷,而通常会保护合同中约定大于法定的条款,以达到其将工程绝大部分风险转嫁到施工单位头上的目的。例如,我部负责施工的某住宅工程,因建设单位未按期完成拆迁导致工程开工延误,造成施工单位损失严重,属于建设单位违约,按备案合同约定,责任应由建设单位承担,但由于备案合同约定的甲方违约责任和以补充协议形式签订的阴合同中的甲方违约责任约定不一致,建设单位凭借对其有利的阴合同,对延期开工导致的费用增加不予支付。后因多次协商未果,诉诸法律解决。虽然阴合同被行管部门认为无效,但法院最终裁决以补充协议形式出现的阴合同,被认为是双方真实意思的表示而被采信,并认定补充协议有效,因而建设单位可以不予支付该项费用……同时,由于法律诉讼的时间较长,对于一些垫资施工的工程,施工单位难以承受巨大的资金压力,为了使企业的资金链条不致断裂,不得不向建设单位妥协,施工企业蒙受巨大损失。

全球通货膨胀率维持较高已经持续一段时期,经济发展和物价的前景变得不可捉摸,整个经济形势也变得很不稳定,合同价与结算价的差异日趋加大,很多施工单位已经面临前所未有的困境。面对日趋复杂的市场环境,高水平的工程结算管理应当是在维护公司利益的前提下按期完成工程结算以达到顺利回收工程款的目的。

四、结　论

随着市场化运转的不断深入,越来越多的法务人员参与到工程结算当中,建设单位已经不再认同政府部门出具的指导性意见。在招标阶段,建设单位利用施工单位的被动地位的优势,已经将各种桌下协议作为招标入围的前提条件,为后期结算埋下伏笔,并利用强势地位更多地运用法律手段损害施工单位的利益。我们呼吁赋予行管部门加强对咨询公司的行业管控,改变按照核减额度收取审核费用的收费方式,并加大对其违规行为的惩处力度;修订、完善关于改变建设工程备案合同实质性条款的补充协议的备案制度;制定出台强制性的法规政策并与政府及法律等监管部门具体操作、统一口径,配套执行来引导建筑市场向良性发展。

施工企业安全文化与安全管理

李富党

(中建六局有限公司基础设施事业部，天津 300457)

近几年,我国的安全生产形势十分严峻,重特大伤亡事故不断发生,尤其是矿山、建筑、交通、化工等行业为"事故多发区",更有甚者,个别企业在事故发生后不是在积极抢救伤员的同时上报案情,而是采取隐瞒事故真相、与家属私了的法盲做法,无非是为了逃避法律责任,甚者有的还见死不救,草菅人命,实在令人发指。

之所以事故频发,原因很多,比如安全投入不足、对违章处罚过轻、地方保护主义、唯利是图、员工自我保护意识差、侥幸心理占上风等,但我认为更深层次的因素是我们的大部分高危行业还没有真正做到以人为本,没有形成符合企业实际的安全理念和安全文化。

在几大高危行业中,我们建筑业排行第二,说明建筑施工企业的安全生产情况不容乐观。我们中国建筑工程总公司在安全管理方面的情况相对较好,这一方面与我们多年的项目精细化管理措施有关,中建已经形成的独特的安全理念和安全文化所发挥的积极作用也功不可没。"中国建筑"的安全观是"质量是企业的生命,安全是生命的保障",但我认为也并非尽善尽美,需要我们在实际工作中,以科学发展观为指导,作进一步的探讨和完善。

一、安全文化的科学内涵

安全文化是伴随着人类的生存发展而产生和发展起来的,它不仅是人类文化的一个重要组成部分,而且是现阶段有中国特色社会主义文化的重要组成部分。随着社会主义市场经济的发展和政府职能的转变,企业的发展与生产安全面临严峻的考验,因此,建设与完善新的安全文化理论体系,提高安全管理水平是企业及管理部门的重要任务,也是保证和促进企业健康可持续发展的重要措施。

(一)什么是安全文化

1.安全和文化的概念。安全是指人们在劳动生产过程中所面临的一种状态,这种状态消除了可能导致人员伤亡、职业危害或设备、财产损失的条件,即我们通常所说的劳动安全卫生或职业安全卫生;文化是指人类历史实践过程中所创造的一切物质财富和精神财富的总和,任何新的文化都是社会、人、现有文化之间的交融、结合的结果。

2.安全文化的概念。安全文化是在现代市场经济发展的基础上形成的一种管理思想和理论,安全文化是在经验主义管理、科学管理的基础上逐步产生的新的管理理论。我们所说的企业安全文化是企业文化的一部分,它主要是针对企业的安全生产或职业卫生来说的。企业安全文化是以企业安全生产为研究领域,以事故预防为主要目标的。

(二)安全文化的特点

安全文化既有很强的知识性,又有很强的实践性,不论深层结构还是浅层结构,都是以安全实践质量的高低作为其建设水平的标志。因此安全文化具有以下两个特点:

1.多学科的综合性特点。安全不仅涉及自然科学、工程学,而且还涉及社会科学、人文科学,所以安全文化具有多学科知识相互交叉、综合的特点。例如建筑施工领域的事故,既有物理、化学、机械、电气等方面的内容,又与医学、法律等方面有关。

2.较强的操作性特点。安全学科既有完整的理论结构,又具有理论结合实际、操作性很强的特点。为此需要建立一系列指导实践的法规、标准及其实施的操作程序。我们建筑企业的安全员、工人虽然经过专业技能的培训,并取得了证书,具备了一定的理论知识,懂得了规范和规章制度,但是如果不具备实际的操作能力,当遇到问题时就没有经验,容易引发安全事故。总之,任何一个企业的安全文化都具有安全文化的共性,但在具体操作过程中体现出了本企业的特殊性。

成本管理

(三)安全文化的本质

促进安全文化发展的目的应该是为人类创造更加安全健康的工作、生活环境和条件。而安全健康的工作和生活条件的实现离不开人们对安全健康的珍惜和重视,并使自己的行为符合安全健康的要求。人的这种对安全健康价值的认识以及使自己的一举一动符合安全的行为规范的表现,正是所谓的"安全修养(素养)"。安全文化只有与人们的社会实践,包括生产实践紧密结合,通过文化的熏陶,不断提高人们的安全修养,才能在预防事故发生、保障生活质量方面真正发挥作用。这就是安全文化的本质所在。

二、企业安全文化在企业安全生产工作中的重要作用

(一)企业安全文化是搞好企业安全生产的前提和基础

安全文化是企业安全生产的前提和基础,是推动企业发展的力量源泉。任何一个企业都要坚持"安全第一,预防为主"的安全生产基本方针。企业安全文化包括理念、目标、宗旨、精神、追求、价值观、道德等主要内容,这些都是围绕企业的安全生产而进行的。安全生产在当今社会的发展中显得尤为重要,而且愈来愈为世人所重视。在企业生产中,我们应该把企业安全文化不断地深入人心,要让它起到"润物细无声"的作用,只有这样,我们的企业才能真正做到安全地生产。例如,"四不放过(一是事故原因分析不清不放过;二是事故责任者和群众没有受到教育不放过;三是没有采取切实可行的防范措施不放过;四是事故责任者没有受到严肃处理不放过)原则"作为我们企业的安全文化,必须把安全放在首位,让人们意识到,只有安全得到了保证,企业生产才能顺利地进行。因此,安全文化是企业进行安全生产的前提和基础。

(二)企业安全文化是企业安全生产中管理手段的有益补充

随着社会实践和生产实践的发展,人们发现,虽然有了科学技术手段和管理手段,但对于搞好安全生产来说,还是不够的,仍然避免不了事故隐患的存在和事故的频发。因为科技手段只是个工具,还达不到生产的本质安全化,这就需要用管理手段作补充;而管理手段虽然有一定的效果,但是管理的有效性很大程度上依赖于对被管理者的监督和反馈,对于安全管理尤其是这样。被管理者对安全规章制度的漠视或抵制,必然会体现在他的不安全行为上,然而不安全行为并不一定都会导致事故的发生,相反可能会给他带来相应的利益或好处,例如省时、省力、省钱等,这会进一步促使他的不安全行为的产生,并可能延伸到其他人。不安全行为是事故发生的重要原因,大量不安全行为的结果是必然发生事故。在安全管理上,管理者要层层作安全交底,但要时时、事事、处处监督每位施工人员遵章守纪是一件困难甚至是不可能的事,这就必然带来安全管理上的漏洞。而深入人心的安全文化就起到了在企业安全生产中弥补管理手段不足的作用。

因为企业安全文化注重员工的理念、道德、态度、情感等深层次的人文因素,通过教育、宣传、奖惩、创建群体氛围等手段,不断提高企业员工的安全修养,改进其安全意识和行为,从而使员工从不得不服从管理制度的被动执行状态,转变成主动自觉地按安全要求采取行动,即从"要我遵章守纪"转变成"我要遵章守纪",从"要我安全"转变成"我要安全、我会安全"。所以说企业安全文化是企业安全生产中管理手段的有益补充。

(三)企业安全文化是保护和发展生产力,提高企业经济效益的根本保证

企业安全文化保护了全体员工,保护了从事一切活动的人的身心安全与健康,预防、减少或控制灾害与事故,极大地减少员工的伤亡;其结果是保护和发展了企业的生产力;减少企业设备和设施的损失,减少原材料的损失,保护员工安全与健康,实质上是保护和发展了企业的生产力;不断提高员工的安全文化素质和自护能力,关爱生命,尊重人权,保护人的健康也是极大地保护和发展了企业的生产力。对生产力的保护和发展,实际上就是对企业经济效益最大的提高,"质量是企业的生命,安全是生命的保证"、"安全是最大的政治"、"安全是最大的效益"等理念正深入人心,真正体现了"安全就是效益"的本质。

三、切实抓好企业安全文化建设

企业安全文化在企业安全生产中的重要作用告诉我们,企业安全文化不能孤立地去建设,而必须与企业的安全生产实践活动紧密结合起来。那么如何抓好企业的安全文化建设呢?笔者认为至少应该从

以下四个方面入手。

（一）提高企业各级领导层的安全文化素质

企业各级领导层是企业的管理者,他们安全文化素质的提高是企业安全文化建设的关键。发达的资本主义国家的许多企业之所以事故率非常低,其中一个重要的原因就是领导层具有很高的安全文化素质。领导可以用自己对安全生产承诺的使命、确保安全的信念和行为方式,把自己安全第一的价值观,通过言传身教播种到每一名员工的心里,进而通过严格的奖惩实践不断进行培育,就能最有效地加快安全文化建设速度,从而形成良好的安全生产新局面。

（二）把"安全文化"提高到"三个代表"和科学发展观的政治高度来认识

企业安全文化是企业文化的有机组成部分,我们必须坚持以"三个代表"重要思想为指导,把安全当做最大的"政治",以科学发展观来统领安全管理工作,做到与时俱进,摒弃过去那些"安全投入是多余、是挤占效益"陈旧的错误的安全观念,树立"安全是最大的效益"理念,从被动型、经验型的安全观转向效益型、系统型的安全观。同时,更应该借鉴其他国家先进的安全文化理论和方法,并引入到企业安全文化建设当中来,不断地完善自我。

（三）坚持以人为本,提高企业员工的安全文化素养

我们中建总公司的安全观(理念)是:质量是企业的生命、安全是生命的保障。这可以说是我们安全文化的核心。作为一家依靠市场竞争生存和发展企业,质量是企业生存的必要条件;而在这些企业中,以建筑业为主要生产经营领域的中建系统企业,安全不仅是企业生命的保障,也是施工人员和使用者生命的保障。所以,中建总公司把安全当做企业的一项大事来抓,坚持"安全第一、预防为主"的安全方针,牢固树立"安全生产责任重于泰山"的安全意识,强化各级次企业对安全工作的领导,落实安全生产主体责任。以"横向到边,纵向到底"的原则,加强安全生产的系统管理。按照公司总部—项目经理部—经理部各级管理人员—分包管理人员—作业班组逐级传递,落实各级组织机构和人员的安全管理责任,同时,积极采用科学的安全生产施工技术,切实维护社会公众和全体员工的生命财产安全。

企业安全生产实践的主体是人,安全生产本身是对人的生命权益的维护,坚持以人为本是企业安全工作的出发点和落脚点。以人为本体现在企业安全生产管理上,就是必须以保障员工的生命权和健康权为原则;以人为本就是要提高全体员工对安全健康的认识,增强他们在生产劳动过程中危险、危害预防和治理的能力。人的安全意识如何,直接作用于安全生产具体工作。只有通过多种形式启发、教育、引导、强化员工的安全意识,使他们做到自主保安,遵章守纪,落实安全责任,才能切断事故的导火索和引线。我们通常所讲的"预防为主",很大程度上就是要通过宣传教育增强防范意识,筑起安全生产的思想防线。为此,我们要坚持以人为本,高度重视人的健康、生命价值和精神、情感、意识等,不断提高全体员工的安全文化素养,大力推进企业安全文化建设。

（四）把企业安全文化融合于企业总体文化和各项工作之中

在企业中开展安全文化建设,不应该把安全文化看做特立独行的事务,而是应该在企业的总体理念、形象识别、工作目标与规划、岗位责任制制定、生产过程控制及监督反馈等各个方面融合进安全文化的内容。在企业中也许看不见、听不到"安全文化"的词语,但在各项工作中处处、事事体现安全文化,这才是安全文化建设的实质。

人是社会发展的根本推动者,人推动社会的发展,归根结底是要提高自身的生活质量,所以,社会发展的核心就是要以人为本。这不但是科学发展观的要求,也是社会发展的必然要求。

总之,施工企业安全文化建设必须坚持"以人为本"为核心的科学发展观,同时还需要从本单位的实际情况出发,全面考虑本单位的文化背景,客观地分析施工企业职工价值观的取向和心理承受能力,分析当前安全生产的状况及事故隐患的失控危险,因势利导、不失时机地推动企业的安全文化建设。虽然从一个行业来讲,杜绝安全事故的可能性是零,只能把安全事故频率控制在最低范围内,但是就每个企业来说,只要管理到位、措施落实、员工安全意识强且严格遵章守纪,实现零事故、零伤亡是可以实现的。

让我们共同行动起来,坚持以人为本,构建企业的安全文化管理理念,保证我们施工企业正常、有序、健康、可持续地发展。

浅论 固定总价合同风险防范

蒋观宇

(泛海建设集团股份有限公司，北京 100004)

总价合同是按照承包工程计价方式划分的一种建设工程合同类型。总价合同有时称为约定总价合同或包干合同。这种合同一般要求投标人按照招标文件的要求报一个总价，在这个价格下完成合同规定的全部内容。总价合同有固定总价合同和可调总价合同两类。

固定总价合同的合同价格以明确的设计图纸和准确的工程量为基础，合同价格不变，发包人除承担不可抗力和合同规定的其他风险以外，其他所有的风险均由承包商承担。具备以下特点的工程适用于总价合同：工程量小，工期短，估计在施工过程中环境因素变化小，工程条件稳定并合理；工程设计详细、图纸完整、清楚，工程任务和范围明确；工程结构和技术简单，风险小；投标期相对宽裕，承包商可以有充足的时间详细考察现场、复核工程量、分析招标文件，拟定施工计划。由于总价固定，因此业主与承包商签订的施工合同约定的价款一般就是合同双方最终的结算价款。合同一经签订，承包商将承担全部的工程量和价格风险，除了设计有重大变更，一般不允许调整合同价格。此类工程一般适用于工程期限在一年之内的工程项目。

可调总价合同的合同价格是以明确的设计图纸和准确的工程量，以及投标时物价的水平为计算基础的，在执行合同过程中，如设计有重大变化、物价波动和某种意外事件等使工程总造价增加时，合同价格可相应地调整。

下面本人就固定总价合同风险的主要表现形式、风险产生的原因及如何防范固定总价合同风险进行简单论述。

一、固定总价合同风险的主要表现形式

由于固定总价合同形式使得工程中双方结算较为简单、明了，合同的执行中承包商的索赔机会也比较少。一些发包人愿意采用固定总价的合同形式发包工程项目。双方在专用条款内约定合同价款包含的风险范围和风险费用的计算方法，在约定风险范围内合同价款不再调整。这种合同形式，承包商所承担的风险最大，主要承担的风险如下：

一是价格风险。由于招标范围、投标人报价应包含的工作内容、费用项目等要求不够具体、清晰，有经验的投标人在全面考虑中标可能性的基础上，会把可能发生的风险尽可能地考虑进投标报价中，以此来规避合同总价不变的风险。但是，由于固定总价合同价格不变，承包人一般会较全面地考虑所有的风险而相应提高报价金额。这样，一方面会加大投标人不中标的风险，另一方面也会增加发包人的资金投入。

二是工程量风险。例如业主用初步设计文件招标，由于图纸不够详细、深度不够使得承包商报价时承担着量的风险。还有的情况是，业主虽然提供了施工图，但投标期太短，使得承包商无法详细、准确地核算工程量，只能根据经验或统计资料进行估算。工程量算多了，报价没有竞争力，不易中标，算少了，自己要承担风险和亏损。

三是其他风险。如施工期间原材料及设备价格的涨价均不予调整的风险、工程地点所在地自然条件的变化、各种不能预见的政策性调整等。

二、固定总价合同产生风险的原因

建设工程承发包合同是承、发包双方权利和义务的法律保证,合同条款中的每一项内容都直接关系到双方的切身利益。固定总价合同是目前建设市场常见的一种施工承包合同形式,在中华人民共和国建设部第107号令《建筑工程施工发包与承包计价管理办法》第十二条明确规定:"合同价可以采用以下方式:(一)固定价。合同总价或者单价在合同约定的风险范围内不可调整。"在2004年10月20日财政部、建设部颁布实施的《建设工程价款结算暂行办法》(财建[2004]369号)第八条对固定总价适用范围作出更为详细的规定:"发、承包人在签订合同时对于工程价款的约定,可以选用此种约定方式—固定总价。合同工期较短且工程总价较低的工程,可以采用固定总价合同方式。"

但在实践中承、发包双方签订固定总价合同往往不是基于工程的上述特点,签订固定总价合同的原因多是由于一方面发包方认为固定总价合同易于工程价款的最终结算,若在施工过程中发包方不改变合同约定的施工内容,合同约定的固定价款就是承发包双方最终的结算价款,这样就节省了大量的计量、核价工作;另一方面发包方也想通过签订固定总价合同将合同履行过程的一切风险完全转移给承包方来承担,发包方日后不予补偿,用以防止承包方索赔,从根本上控制整个工程造价不突破原预算。基于上述原因,发包方往往在项目不具备采用总价合同的条件时,利用自己的强势地位要求采用这种计价模式,但又不能提供给承包人全面、充分的报价资料,而且还要求承包商无条件地承担所有的风险,使得承包商在签订这样的固定总价合同时完全承担价格、工程量及其他风险。

三、如何防范固定总价合同风险

(一)关于工程价款的风险

承包商要注意发包方在招标时是否尽可能将招标范围、投标人报价应包含的工作内容、费用项目在招标文件中一一进行了明确,能否避免产生歧义。

一般情况下,固定总价合同可以采用两种计价形式:工程量清单或分项工程表的形式。

1.采用分项工程表的计价形式时应注意的问题

(1)分项的划分应与施工进度计划协调一致。因为分项工程表作为工程价款支付的依据,只有分项工程实施完毕,承包商才能得到支付,这直接影响工程的进度和效益。

(2)分部工程的划分应与工程很容易确定的几个阶段相对应,即各个阶段分界清楚,能准确定义,减少争端发生的可能。如一个建筑物可分为如下分部工程:场地准备、土方开挖、打桩、基础、结构框架(以楼层分)、楼面、围护、隔断、屋盖和装修等。

(3)在编制分项工程表时,应考虑承包商资金能力,保证工程的顺利实施。

如果发包人在招标文件中没有标明分项的划分,承包商在编制分项工程表时除了注意以上几点外,还应注意以下几方面内容:

第一,在投标时应注意合理划分各分项,以便及早得到工程款。例如,承包商可以通过在分项工程表中设计"材料到场"一分项,以便提前得到工程设备和材料的款项。分项工程表中应包括诸如设计任务和搭设临时工程的分项工程项目。如果发包人规定某些特定的分项列入分项工程表,则需在投标须知中说明这些要求。

第二,分项的划分应与自己的资金计划相协调,特别应与自己的融资计划相一致。因为付款的时间与分项工程表中项目的划分有关:在分项工程表中设有分部工程,则工程的付款时间为分部工程所包含的分项工程全部实施完毕;没有设分部工程,则工程款的支付时间为分项工程实施完毕。

2.采用工程量清单时应注意的问题

(1)应关注工程量清单是否考虑了合同的工程范围,如承包商与发包人的设计工作的界限,即设计工作主要由谁完成,来验证工程量计算规则是否与工程实施情况相符合。由于目前国际通用的工程量计算规则多是适用于发包人提供详细设计文件的单价合同,在采用固定总价合同时,特别是当工程无详细的设计文件即进行招标时,招标文件中最好包括明确、详细的工程量计算规则,或指明采用何种计算规则,或规定专门的工程量计算规则。例如,对于设

合同管理

计——建造合同(交钥匙合同),由于设计工作主要由承包商完成,则不可能要求承包商在投标时就按详细的设计报出各部分的工程量。在这种情况下,应该由发包人提供专门的计算规则。

(2)如果发包人编制工程量清单,则工程量清单上的项目应考虑承包商可能选用什么,或将选用多少来完成工程;对于承包商来说,在业主没有提供工程量清单时,应注意项目的划分,可以在施工措施费中加入一些计量方法所容许的项目,或在单价中考虑一些余量,来资助设备材料费用。

因此,在采用固定总价合同时,应特别注意工程量或分项工程表的制定,这样,无论承包商还是业主都能从中受益。对于业主来说,合适的工程量计算规则,可以减少招标的工作量,同时可以保证工程的整体效益;对于承包商来说,可以降低风险,避免错报或漏报项目,并能及时获得支付,保证工程顺利实施。

总之,承包商在报价时应仔细审阅招标文件、图纸及说明,以免遗漏报价内容,要对拟建工程可能发生的一切项目和费用作通盘考虑,对发包方在招标文件中遗漏的项目内容,要及时通过质疑方式提出,以避免日后合同价格不予调整,造成承包商的损失。

(二)关于工程量的风险

承包方应当注意,如果招标项目拟采用固定价格合同时,承包方在投标时就应尽可能注意招标人是否提供了详细的施工图及说明、施工要求;是否给投标人留有足够的编标和询标时间,以确保投标人完全了解施工场地,理解设计意图,明确施工要求。招标文件里合同条款中的工程范围必须明确、表达清晰无歧义,减少投标人工程量计算失误的概率,避免中标后工程量的风险。同时,要注意招标人是否在招标文件的合同条款中事先约定了允许调增的工程量范围,调增工程量时单价的确定方式,以及超过此范围的处理方法。对于承包商而言,在投标时应吃透设计意图,详细踏勘现场,对图纸和说明、合同条款中不明确的地方应及时通过询标要求招标人明示,并作好询标答疑的详细记录,已备今后发生争议时有足够的证据。招标文件中的工程量是只作为参考而不是必须完成的工程量。对表中的数据承包商必须认真复核,避免承担工程量计算错误而产生的风

险和损失。承包商报价时必须审核图纸的完整性和详细程度,以保证工程量计算的准确性和完整性。例如在某固定总价合同中,工程范围条款为:"合同价款所定义的工程范围包括工程量表中列出的,以及工程量表未列出的但为本工程安全、稳定、高效率运行所需的工程和供应"。在该工程实施中,业主指令增加了许多新的分项工程,即所谓的"工程安全、稳定、高效率运行所需的工程",但设计并未变更,所以承包商无法得到这些新的分项的付款。再比如,我国某承包商用固定总价合同承包土建工程。由于工程巨大,设计图纸简单,做标期短,承包商无法精确核算工程量,仅钢筋一项,报价工程量为1.2万t,而实际工程量达到2.5万t以上,仅此一项承包商的损失就超过600万美元。

(三)关于其他风险

如材料价格变动因素对合同总价的影响,双方事先应在合同中就调整材料、设备的种类、价格标准、调整幅度等作出详细约定。材料、设备涨跌受市场供需等因素的影响不以当事人的意志为转移,签约双方均无法预知合同履行过程中材料、设备是涨还是跌,因此双方将材料、设备价差约定在风险包干范围能保障承发包双方的利益,是公平原则的体现。此外,总承包合同签订后,可以在工程设计比较完善的情况下,在相关材料、设备市场价格比报价低的阶段提前确定合格的、有价格优势的供应商,以此转嫁材料、设备价格上涨的风险。

从根本上来说,固定总价合同适用的工程项目类型有其局限性。2005年1月1日起最高人民法院颁布施行法释[2004]14号《审理建设工程施工合同纠纷案件适用法律问题的解释》第二十二条规定了"当事人约定按照固定价结算工程价款,一方当事人请求对建设工程造价进行鉴定的,不予支持",因此合同双方都应慎重对待固定总价合同的性质所带来的风险。特别是承包方在签订固定总价合同时,要对市场环境、生产要素、价格变化、成本核算等诸多因素进行系统、全面的考虑。承发包双方签订固定总价合同时对合同价款中包含的风险范围、风险费用的计算方法、风险范围以外合同价款调整方法也要作出详细的约定,以避免日后纠纷。

合同管理

关于施工合同专用条款设置的建议

胡海博

(中国航空工业第一集团公司北京航空材料研究院,北京 100095)

摘 要:从发包方的角度,提出在建筑施工合同中专用条款的设置,以防范在工程管理中的风险。

关键词:施工合同,发包方,专用条款

建设工程施工合同是建设工程的主要合同,是工程建设质量控制、进度控制、投资控制的主要依据。因此,在建设领域加强对施工合同的管理具有十分重要的意义,国家立法机关、国务院、国家建设行政管理部门都十分重视施工合同的规范工作。随着建筑市场的逐渐规范以及法制观念深入人心,承发包人双方越来越重视合同条款的设置,以此来保护自己在工程中的利益。由于实践中新情况的发生,目前通用的《建设工程施工合同(示范文本)》GF-91-0201 范本部分条款不能适应情况变化后的实际需求,需要增订专业条款来加以约定。笔者在近十年的工程管理实践中,从发包人的角度,总结工程中发生的重要的问题,总结出一些必要的合同条款,控制工程的风险,供读者参考。

一、在专业条款中对一些重要问题的约定

1.对于杜绝非法转包的约定

目前建筑市场上非法转包和挂靠的现象时有发生,针对以上现象,发包人应在合同中对转包情况有所约定,建议增加条款如下:"如发包人发现承包人非法转包的情况,发包人有权制止或解除合同,由此造成的责任及经济损失由承包人承担。"

2.关于保证发包人按照投标文件配备项目部人员的保证

管理工程的重点在于我认为选对人、用对人。由于投标单位出于对人力成本的考虑和增加中标的可能性,往往发生投标时和实际施工阶段项目部人员配备不一致的情况。"偷梁换柱"后的项目部人员如果在责任心和经验能力方面有欠缺,将对工程的管理产生十分消极的影响。

因此在资格预审和对投标单位进行考察时,发包人应重点对项目部的人员进行考察,并在合同中进行约定,保证管理人员到位。建议在合同中增加以下条款:

承包人必须按照投标文件所报的项目部的人员委派到本工程工作,否则发包人有权利和承包人解除合同,由此造成的损失由承包人自负。如果因承包人原因需要更换管理人员,必须征得发包人同意,否则承担每人次 2 万元违约金(项目经理为 10 万元)。委派到本项目的项目经理和技术负责人,应严格按照相关的规范标准要求进行施工管理,对发包人提出的质量、进度、安全文明施工、费用等方面存在的问题应认真进行整改,如发包人对发现的问题屡次提出,而承包人项目经理和主要技术负责人不能及时整改,发包人可要求承包人及时更换相关人员。如因承包人未时整改而产生的损失责任由承包人承担。

项目经理和技术负责人必须常驻现场,每周不少于6d,每天不少于8h。发包人将按周进行考核,如承包人不能满足上述要求,则由承包人向发包人按缺勤天数交纳 *元/天的违约金。承包人驻现场的项目经理和技术负责人必须按时参加发包人及监理组织的协调例会,并按会议要求提供资料,落实会议决议,承包人如未经允许不出席会议、迟到、未按会议

要求提供有关资料或对会议决议未予执行，承包人向发包人交纳＊元/次的违约金。

3.关于承包人与农民工、材料供应商之间的纠纷对发包人的影响。

近几年总承包和劳务队之间关于劳务费问题的纠纷，也可能对工程质量和进度产生负面影响。发包人在招标时不但要对投标人的劳务分包进行考察，在制定合同时，也要对相关问题进行约定，督促总包方妥善解决劳务纠纷问题。建议增加"由于承包人与农民工、材料供应商等发生争议、纠纷给发包方造成不良影响的，发包人有权从合同款中每次扣除＊万元违约金。"

4.对于甲控或甲供材料规范操作程序，保证材料的质量和经费的控制

对于工程中价格较高或价格差别很大的材料，需要二次设计的工程内容，发包人一般采用甲控和甲供的材料的形式。但是由于存在承包人二次压价的现象，材料的质量和经费的控制往往受到影响。所以笔者建议在甲控材料的合同中，增加"三方合同"的内容：

暂估价材料由发包人与承包人联合招标或比选，由发包人、承包人与选定的专业分包单位签订专业分包三方合同。由承包人向专业分包单位支付合同款，发包人负责监督分包合同的执行，在分包单位已履行分包合同义务前提下，如果承包人未按照合同要求把工程款支付给分包方，发包人有权在通知承包人的情况下把分包合同剩余款直接给分包方，并且从发包人应支付给承包人的工程款中扣除。

5.关于材料进程时间保障的约定

编制切实可行的施工进度计划和材料进场计划，对保证工程总的进度计划非常重要。增加的具体条款为："承包人按照总的进度计划编制分包和暂估价进场进度计划，承包人对于发包工程和需要招标比价的材料需提前40日向发包人提出申请，认价暂估价材料要求提前20日提出申请。由于承包人申请滞后导致工期延误，责任由承包人负担"。

6.关于工程实施管理的控制

在招标阶段和施工初期，制定一个有效的工作程序，并且有效地执行下去，对工程管理的质量起着至关重要的作用。在合同中，对一些比较容易发生纠纷的规定进行约定是很有必要的。例如：

（1）承包人在工程质量方面的管理必须严格按照监理程序执行，如发生以下两种情况之一，发包人有权从合同价款中扣除＊元/次的违约金：①承包人进场的物资未经监理单位验收就擅自使用在工程上；②承包人上一道工序未经监理单位验收就擅自进入下一道工序。

（2）承包人施工现场（包括施工区、办公区和生活区）的安全管理必须符合国家及建筑行业的相关法律、法规、标准、规范、规程等的要求，如有不符合上述要求的现象，发包人将以书面的形式要求承包人在合理的期限内整改至符合上述要求，如承包人拒不整改或未在发包人要求的期限内整改至符合上述要求，发包人有权从合同价款中扣除一定金额的违约金。违约金金额的标准为：每个不合格事项扣除措施项目清单中"安全防护、文明施工措施费"总金额的百分之二。

7.关于竣工结算的时间的控制

参照财建（2004)369号关于竣工结算的要求，结合本工程对整个项目的结算和决算的要求，制定惯于竣工结算的约定。例如：工程竣工价款结算：承包人在竣工验收合格后20日内把竣工结算报告及完整的结算资料报送发包人，如果超过时限，经发包人催促在14日内承包人未提供资料或给予明确的答复，发包人有权根据已有资料进行审查，并报结算审计，责任由承包人自负。发包人收到承包人递交的竣工结算报告及完整的结算资料后，发包人应按财建(2004)369号规定的程序和期限进行核实，给予确认或者提出修改意见，交审计部门审计。

8.关于承包人结算送审额的控制，减少发包方结算审核难度

承发包双方结算是一个复杂过程，承包方往往虚报结算额以期望得到一个理想的结算额。对于发包方，可以对于承包方的结算上报额有一个限定。例如："对于发包方审减额度在结算送审总造价10%以内的审计费用由发包人承担，审减额度若超过结算送审总造价10%，超出部分的审计费用由承包人承担。"

在合同谈判的过程中，发包方往往处于主动，如果能针对工程管理中经常遇到和经常有争议的问题在专用条款加以约定，做到事前控制，有利于保障发包方的利益，降低管理风险，保障工程顺利进行。

《合同法司法解释（二）》对订立施工合同的新要求

曹文衔

(上海市建纬律师事务所，上海 200050)

2009年5月13日起施行的《最高人民法院关于适用〈中华人民共和国合同法〉若干问题的解释(二)》(下称合同法司法解释(二)或司法解释)，在总结合同法施行10年来审判实践的基础上，对于合同法规定的有关合同的订立、效力、履行、权利义务终止、违约责任等方面的问题从事实认定和法律条文理解、原则规定的具体化等司法审判操作层面进行了具体的解释。正确理解和准确运用这一司法解释，对于建筑企业在目前经济环境下依法订立和履行建设工程合同、妥善解决合同争议和维护自身合法权益具有重大现实意义。本文将就建筑企业在工程承包活动中经常涉及的本司法解释的若干条文进行分析、解读，并就建筑企业如何运用相关规定维护自身合法权益提出笔者的建议。

[条文] 第一条 当事人对合同是否成立存在争议，人民法院能够确定当事人名称或者姓名、标的和数量的，一般应当认定合同成立。但法律另有规定或者当事人另有约定的除外。

对合同欠缺的前款规定以外的其他内容，当事人达不成协议的，人民法院依照合同法第六十一条、第六十二条、第一百二十五条等有关规定予以确定。

[解读] 本次司法解释一如既往地贯彻最大限度地尊重当事人意思的司法解释原则，对于大量欠缺合同一般条款的合同，不轻易否定其效力。本条规定对于建筑企业意义重大，因为实践中大量工程承包合同、劳务分包合同、材料供应合同、设备租赁合同，由于合同一方或双方当事人缺乏合同常识，经常以框架协议、合作意向书、会议纪要、备忘录甚至便条、单方认诺、签证、技术文件等形式出现。有时当事人虽签署了上述文件，却可能根本意识不到是在签订合同。有时在涉及合同一方或双方当事人名称或者姓名、合同标的时，经常采用简称、代称或其他非法定名称或姓名，或者在同一份文件中对同一当事人或同一标的物采用不同简称、代称。此外，合同计价方法、合同价格、合同标的的质量、违约责任等基本内容也经常出现没有约定或约而不定的情形。依据本条规定，只要当事人一方能够举证证明，人民法院能够确定合同当事人名称或者姓名、合同标的和数量的，一般将认定合同成立。又根据本司法解释第七条有关交易习惯的规定，对于合同当事人名称或者姓名、合同标的的名称、数量单位(比如水泥以包，还是公斤、吨为计量单位)出现的争议，可以通过以往与对方当事人的交易惯例来举证证明。

依照《合同法》第六十一条、第六十二条、第一百二十五条的有关规定，如合同当事人就质量、价款或者报酬、履行地点、履行期限、履行方式、履行费用等内容没有约定或者约定不明的，按照下列顺序确定：(1)当事人补充协议；(2)合同有关条款：合同条款的真实意思应当按照合同所使用的词句、合同的目的、是否属于格式合同以及诚实信用原则确定；(3)交易习惯;(4)质量:依次按照国家标准、行业标准、通常标准或者符合合同目的的特定标准履行;(5)价款或者报酬:按照订立合同时履行地的市场价格履行;依法应当执行政府定价或者政府指导价的,按照规定履行;(6)履行地点:给付货币的,在接受货币一方所在地履行;交付不动产的,在不动产所在地履行;其他标的,在履行义务一方所在地履行;(7)履行期限:债务人可以随时履行,债权人也可以随时要求履行,但应当给对方必要的准备时间;(8)履行方式:按照有利于实现合同目的的方式履行;(9)履行费用:由履行义务一方负担。

[建议] 该条规定事实上也提醒当事人,在与合同相对人多次形成合同关系的情况下,对于同一当事人、同一标的和数量单位,要尽可能前后一致,以便被明确为交易习惯;在与合同相对人初次形成合同关系或难以形成多次合同关系的情况下,由于难以形成交易习惯或交易习惯的证明困难,合同各方应当采用基本条款完备的合同,以免产生合同是否成立的争议。对于旨在明确约定意向而非正式订约的情形,当事人应当充分运用本条有关当事人另有约定除外的规定,通过特别约定排除合同可能被认定成立的疑义。

[条文] 第二条 当事人未以书面形式或者口头形式订立合同,但从双方从事的民事行为能够推定双方有订立合同意愿的,人民法院可以认定是以合同法第十条第一款中的"其他形式"订立的合同。但法律另有规定的除外。

[解读] 综合《合同法》第十条第二款、第三十六条、第二百七十条的规定,可以看出,包括施工合同在内的建设工程合同依法应当采用书面形式;虽未采用书面形式但一方已经履行主要义务,对方接受的,合同成立。本条司法解释又进一步规定,即便尚未达到一方已经履行主要义务而对方接受的实际履行程度,如果从双方的行为能够推定双方有订立合同意愿的,人民法院也可以认定合同已以双方民事行为的方式订立。实践中建筑企业不应孤立和机械地认为,只要双方没有签字盖章,且一方尚未履行主要义务,建设工程合同就不成立。比如,一项依法无需招标的工程,承发包双方在未签订书面合同的情况下,为了加快工程施工进度,应发包人要求,承包人先行进入施工现场,开展砌筑围墙、搭建临时设施、按照工程设计图纸要求放线、备料等施工准备工作,发包人在此期间并以行为对承包人的上述行为予以支持、协助,但承包人的上述施工准备工作完成后,双方因故未能订立书面合同,且双方无意继续就订立合同继续协商。由于施工准备工作量只占整个工程施工工作量的较小部分,此时显然不构成承包人已经履行主要义务,达不到以合同法第三十六条的规定认定合同已经成立的程度。但依据本条司法解释,双方的上述行为足以推定双方有订立合同的意愿,因而可以被认定为合同已经订立。当然对于依法必须招标确定中标人的工程施工,由于招标投标法对于中标合同的签订、成立和生效有明确的程序规定,属于本条司法解释所称的"法律另有规定"的情形,不适用本条有关从双方从事的民事行为能够推定双方有订立合同意愿的可认定合同订立的规定;相反,双方从事的旨在订立或履行尚未实际订立的合同的民事行为可能被认定为串通招标的违法行为,而承担行政甚至刑事责任。

[建议] 本条司法解释的规定对建筑企业的合同风险管理提出了新的挑战,即在合同管理中,不仅要加强书面合同订立的管理,更要将合同风险管控提前或延伸到订立合同之前企业及其工作人员与拟订立合同内容有关的行为管理,以及拟订立合同的相对方相对应的行为及其结果的监控管理上。

[条文] 第四条 采用书面形式订立合同,合同约定的签订地与实际签字或者盖章地点不符的,人民法院应当认定约定的签订地为合同签订地;合同没有约定签订地,双方当事人签字或者盖章不在同一地点的,人民法院应当认定最后签字或者盖章的地点为合同签订地。

第五条 当事人采用合同书形式订立合同的,应当签字或者盖章。当事人在合同书上摁手印的,人民法院应当认定其具有与签字或者盖章同等的法律效力。

[解读] 合同签订地的认定在一定条件下关系到合同纠纷诉讼时案件管辖法院的确定。我国《民事诉讼法》第二十五条规定:合同的双方当事人可以在

书面合同中协议选择被告住所地、合同履行地、合同签订地、原告住所地、标的物所在地人民法院管辖,但不得违反本法对级别管辖和专属管辖的规定。建设工程合同属于加工承揽合同,法律对该类合同未有专属管辖的规定,因此,合同双方当事人如在书面合同中约定合同签订地所在地人民法院管辖,只要符合法律有关级别管辖的规定,该约定将有效。

有关合同签订地的认定最高法院早在1986年即以"法经复[1986]15号批复文件"的形式认定:凡书面合同写明了合同签订地点的,以合同写明的为准;未写明的,以双方在合同上共同签字盖章的地点为合同签订地;双方签字盖章不在同一地点的,以最后一方签字盖章的地点为合同签订地。尽管该批复文件于1996年失效,但本次合同法司法解释(二)的规定与该批复文件的内容基本一致。

在合同未明确约定签字加盖章构成合同成立或生效的情况下,合同双方中的代表人或代理人在合同上有签字或摁手印或盖章的行为之一的,即表明合同成立或生效。

[建议] 建筑企业在合同管理过程中,不仅有必要加强企业合同章和公章的管理,更有必要对于代表企业洽谈、对外签订合同的相关人员加强授权代理权限的管理,以及这些人员的签字、手印的留样管理。对于企业人员可能超越代理权限而签订合同的行为应当做到除了向代理人明确代理权限之外,更应将授予代理人的代理权限及时通报合同相对人。必要时,还可以在给予代理人的授权委托书以及给予对方的本方代理人代理权限通报文件中明确合同成立的条件为代理人签字并同时加盖本单位公章或合同专用章。以尽可能杜绝表见代理给本企业带来的合同法律风险。此外,由于加盖人名章在许多情况下与本人行为无关,或者关联性难以证明,笔者建议建筑企业在对外签订合同时,应当杜绝使用人名章;对于合同相对方仅以加盖人名章方式与本企业订立合同的行为同样需要保持高度警惕。

[条文] 第六条 提供格式条款的一方对格式条款中免除或者限制其责任的内容,在合同订立时采用足以引起对方注意的文字、符号、字体等特别标志,并按照对方的要求对该格式条款予以说明的,人民法院应当认定符合《合同法》第三十九条所称"采取合理的方式"。

提供格式条款一方对已尽合理提示及说明义务承担举证责任。

第九条 提供格式条款的一方当事人违反合同法第三十九条第一款关于提示和说明义务的规定,导致对方没有注意免除或者限制其责任的条款,对方当事人申请撤销该格式条款的,人民法院应当支持。

第十条 提供格式条款的一方当事人违反合同法第三十九条第一款的规定,并具有合同法第四十条规定的情形之一的,人民法院应当认定该格式条款无效。

[解读] 以上三条是有关格式条款提供者法定义务、格式条款效力的具体规定。

在建设工程合同中大量存在经法定强制招标程序而订立的合同。在此情况下,由于最后订立的合同条款(除须投标人投标填报的价格等基本合同内容外)通常为招标人在招标文件中事先拟定的,不可能事先与中标人协商,因此招标工程的大部分合同条款符合合同法关于格式条款的构成要件,属于格式条款。根据合同法第三十九条、第四十条的规定,招标人作为提供格式条款的一方,有权在格式条款中设置免除或者限制其责任的内容,但前提是:(一)该内容不违反合同法第五十二条有关合同法定无效的规定,即:合同不存在(1)一方以欺诈、胁迫手段订立合同,损害国家利益;(2)合同双方恶意串通,损害国家、集体或第三人利益;(3)以合法形式掩盖非法目的;(4)损害社会公共利益;(5)违反法律、行政法规的强制性规定的情形;(二) 该内容不违反合同法第五十三条有关特殊免责条款法定无效的规定,即:(1)造成对方人身伤害的免责条款无效;(2)因故意或重大过失造成对方财产损失的免责条款无效;(三) 该内容不得免除提供格式条款一方的责任、加重对方责任、排除对方主要权利。但是提供格式条款的一方同时应承担"采取合理的方式"请求对方注意该等免除或者限制责任的条款、按照对方要求予以说明的法定义务。

需要特别注意的是:第一,如果提供格式条款的一方(通常是发包人)未尽上述提醒、说明义务,且该等条款并不属于法律规定的无效条款时,该等条款将成为效力待定的条款。此时,接受格式条款的一方(通常是承包人)可以在合同法规定的行使合同撤销权的一年时限内依法行使对合同中该等条款的撤销权。如果当事人错过了撤销权行使的一年法定期限(该期限被称为权利除斥期间,该期限不能像诉讼时效期间一样可能被中断或中止),将丧失撤销权。其后果是该等条款成为对合同双方有约束力的条款。第二,由于司法解释第九条只规定了接受格式条款一方的撤销权,未规定变更权,因此当事人在起诉和提出诉请时,不宜要求修改此等格式条款,否则有可能由于缺乏法律明确规定而得不到法院支持。第三,如果接受格式条款的一方起诉要求法院确认该等格式条款应依法无效,则不受诉讼时效的限制。第四,即便提供格式条款的一方已经"采取合理的方式"提请对方注意该等免除或者限制责任的条款,并按照对方要求进行了说明,但如果因对该等条款的理解存在两种以上通常合理的解释而产生争议,依照合同法第四十一条的规定,应作出对格式条款提供人不利的解释。

[建议] 由于建筑企业在较多的情况下作为投标人或中标人接受招标人拟定的合同格式条款,因此建筑企业在投标时应当特别注意了解招标文件中那些免除或者限制招标人责任的、采用足以引起阅读者注意的文字、符号、字体等特别标志的内容,在招标答疑澄清阶段应主动要求招标人予以澄清、说明。对于招标人未以合理方式提示投标人、中标人注意的该等内容,建筑企业在认为必要时,要在法定的一年期限内(一般从合同订立之日起计算)及时、积极地行使法律赋予的合同条款撤销权,以维护自身合法权益。

当然,在某些情况下,建筑企业作为总承包人在选择分包人、订立分包合同时,也往往取得与前述招标人类似的提供格式条款的权利和地位。此时,建筑企业作为提供分包合同格式条款的一方,应当采取以引起分包人注意的文字、符号、字体等特别标志的方式,向分包人合理提示免除或者限制总包人责任的全部内容,以消除分包人行使合同条款撤销权的条件。

为了完成对已尽合理提示及说明义务承担的举证责任,笔者建议总包人在订立的合同中以醒目方式载明"在订立本合同前,总包人已经应分包人的要求,对合同中的如下条款的含义进行了充分说明"或类似的内容,并且对于合同中免除或者限制总包人责任的全部内容以尽可能直接、明了的文字予以表达,从而避免分包人在行使撤销权不能的情况下,再运用合同法第四十一条的规定以格式条款内容存在不同的合理解释为由主张对总包人不利的解释。

第七条 下列情形,不违反法律、行政法规强制性规定的,人民法院可以认定为合同法所称"交易习惯":

(一)在交易行为当地或者某一领域、某一行业通常采用并为交易对方订立合同时所知道或者应当知道的做法;

(二)当事人双方经常使用的习惯做法。

对于交易习惯,由提出主张的一方当事人承担举证责任。

[解读] 交易习惯在合同履行、合同争议解决中具有重要作用。在合同当事人就质量、价款或者报酬、履行地点、履行期限、履行方式、履行费用等基本内容没有约定或者约定不明的情况下,如果当事人不能经协商达成共识或订立补充协议,依据合同条文和合同目的也难以确定这些合同基本内容的明确含义,交易习惯将优先于合同法第六十二条的法律推定而被适用。

按照本条司法解释的规定,某一做法被司法确认为交易习惯,必须具备下列条件:

(一)不违反法律、行政法规强制性规定;

(二)在交易行为当地或者某一领域、某一行业通常采用;

(三)交易对方订立合同时已知或者应知,或当事人双方经常使用;

(四)主张适用交易习惯的一方当事人能够举证证明。

由于建设工程作为不动产依附于土地,因而在建设工程行业,具有大量带有地方特色的习惯做法,比如,对于许多土建施工术语、施工方法、技术措施,我国各地行业习惯名称差异很大，当合同履行产生争议时，往往借助于判断某一做法是否属于本地区行业惯例来查清争议事实。

在认定某一做法是否是交易习惯的过程中，主张交易习惯的一方的举证至关重要。笔者认为，地方有关法规、规章、行业指引、技术标准、技术规定、行政管理机关审定或推广使用的合同示范文本、工程做法、民俗、传统习惯等均可能满足上述第二个条件。但某些行业潜规则尽管属于行业内的习惯（比如，中标人给予招标人回扣），但由于可能与法律、行政法规的强制性规定相冲突，不能被视为交易习惯。

[建议] 鉴于合同一方如果是非本地区企业，并且在本地区、本行业、本领域缺少交易实践的情况，交易习惯通常难以被证明。因此，建筑企业在开拓异地市场时，应当加强对于当地交易习惯的了解，重点是了解那些可能被认定为建筑企业应当知道的当地交易习惯，如当地政府部门、行业协会公开发布的对于本地区、本行业普遍适用的地方规定、技术标准。对于发包人在本地区、本行业、本领域缺少交易实践而在建筑企业所在地发包工程的情况，建筑企业作为承包人应当加强对于对方当事人是否知晓本地交易习惯的了解。在前一种情况下，建筑企业可能因对应知晓的当地交易习惯实际未知晓，而被适用交易习惯从而产生对建筑企业不利的合同法律后果。在后一种情况下，建筑企业则可能因惯性地沿用本地交易习惯，而无法证明对方知晓或应当知晓该交易习惯，而不被认定适用交易习惯，进而产生对建筑企业不利的合同法律后果。

[条文] 第十一条 根据《合同法》第四十七条、第四十八条的规定，追认的意思表示自到达相对人时生效，合同自订立时起生效。

第十二条 无权代理人以被代理人的名义订立合同，被代理人已经开始履行合同义务的，视为对合同的追认。

[解读] 建筑企业对外签订的有关工程施工、采购、租赁等合同，经常出现合同法第四十八条和第四十九条所称的无权代理情形。但合同法第四十八条和第四十九条所称无权代理之间有重大区别：前者通常指合同相对人明知或应知行为人无代理权（包括自始没有代理权、超越代理权或者代理权已终止）或对其有无代理权存疑的情形，而后者则指合同相对人不仅既不明知也不应知行为人无代理权，而且有理由相信行为人有代理权的情形。对于前者的无权代理，行为人以被代理人名义签订的合同，未经被代理人追认，不对被代理人发生效力。因此，被代理人是否追认，成为被代理人是否受合同约束的决定性条件。追认只能以被代理人明示的方式作出，明示通常又包括语言文字的明示和行为的明示两种。在以语文明示的情况下，只要表示追认的语文到达相对人，被代理人的追认行为就完成，并且合同对被代理人开始有效的时间追溯到行为人（行为人在被代理人追认完成前为无权代理人，追认完成后转化为有权的代理人）以被代理人名义与相对人订立合同之时；在以行为明示的情况下，被代理人自己开始履行合同义务的时间视为完成追认的时间，而合同对被代理人开始有效的时间同样应追溯到行为人以被代理人名义与相对人订立合同之时。

司法解释第十一条 "追认的意思表示自到达相对人时生效"的规定还表明：第一，追认应当向相对人作出，而不宜向相对人中未获订约授权的分支机构或一般人员作出；第二，追认的意思表示生效的时点是到达相对人，而非追认被相对人实际接受。因此，如果追认文件已经通过邮件邮递给相对人，但到达相对人指定办公地点或法定经营地点时恰逢节假日，或因其他原因相对人未及时实际知悉该追认，也同样产生追认生效进而合同在被代理人与相对人之间成立或生效的法律后果。确认追认行为完成或生效的法律意义在于，一旦追认行为完成或生效，合同法第四十八条第二款规定的合同被追认之前善意相对人对于合同的撤销权就归于消灭。也就是说，只要被代理人追认的意思表示到达相对人，相对人就无权单方面再要求撤销合同，否则将构成违约。

对于司法解释第十二条中 "被代理人已经开始履行合同义务"的理解应把握以下方面：第一，开始履行义务的应是被代理人，而一般不应是无订立合同代理权的行为人。但是如果被代理人虽未追认该行为人的订约行为，却授权其代为履行合同义务，则该行为人履行合同义务的法律后果等同于被代理人自己履行合同义务。第二,被代理人履行的应当是合同中约定的义务,而非其他义务。强调这一点的意义在于,当合同双方就"被代理人已经开始履行"的义务是否属于本合同义务产生争议时,如果是本合同项下特定的义务,则当事人比较容易证明;如果不是本合同项下特定的义务,而是可能并存于本合同和其他合同(合同当事人与本合同当事人一致)中的义务,则当事人的举证将变得困难和复杂。

[建议] 建筑企业如果作为被代理人,应当特别注意以下方面:第一,行为人是否属于无权代理或者是否因行为人无权代理而对被代理人不产生合同效力,并非完全取决于被代理人自己的理解和评判。特别是当行为人与被代理人具有某些特殊身份关系(比如行为人刚刚卸任被代理人的法定代表人或负责人、行为人此前曾经获得被代理人的授权以被代理人名义与同一相对人订立或履行类似的合同)时,或者被代理人曾经给予行为人的代理授权不明确,可进行其他合理解释时,问题会变得复杂。因此,建筑企业在日常开展经营活动,授权企业员工对外代签合同时,应当注意授权委托文件的表达明确,特别是应当注明具体的授权代理事项、授权期限以及有无转委托权、有无合同金额限制或其他具体的限制条件(即权限),谨慎使用诸如"全权代理"、"特别授权"、"与订立合同有关的一切行为"之类难以判别授权范围的用语。第二,除以通常的书面文字方式追认外,被代理人向相对人表达的语言、与合同履行有关的行为也可能产生追认的法律后果,因此,被代理人对于合同的追认,不仅应当重视书面表达,而且应当谨"言"慎"行",更不应存在"只要没有书面确认就不受合同制约"以及类似的错误认识。如果被代理人决定追认,最好采用书面文件的方式进行。在决定书面追认之前,对于待追认的合同义务事项被代理人应认真审查甄别,以免因某些无意的行为被认定为"已经开始履行合同义务"的追认行为。第三,由于追认行为对于合同生效具有追溯力,被代理人对于合同中涉及的与合同生效时间相关联的权利和义务条款应格外重视并评估其被行使或

履行的可操作性。比如,合同约定自合同生效后30天内承包人一方应完成项目工程正负零标高以下的基础工程的土建施工,而施工企业作为被代理人,在行为人与发包人订立合同后的第20天才对合同予以追认,则施工企业应当清醒地认识到,从追认之日起,合同约定的正负零标高以下的基础工程的土建施工完成时间仅剩余10天,而不应错误地理解为剩余工期仍为30天。为了防范类似的错误,被代理人在追认前,应加强对行为人订立合同时间的审查,必要时,在追认前可要求合同相对人就合同生效时间作重新约定。

建筑企业如果作为合同相对人,则应当特别注意以下方面:第一,如果在与无权代理人订立合同后,发现合同对己方不利或无意履行合同,应根据合同法第四十八条第二款的规定,以向被代理人发出通知的方式,在被代理人追认之前尽快行使合同撤销权,且不应接受被代理人的任何履行合同义务的行为结果。第二,如果在与无权代理人订立合同后准备履行合同,建筑企业最好根据合同法第四十八条第二款的规定及时催告被代理人在一个月内予以追认。如果被代理人逾期未作表示,视为拒绝追认。在获得被代理人追认之前,建筑企业应充分考虑合同存在不能对被代理人产生效力的风险,审慎地安排有关履约准备事项和履约事项,以免遭受难以挽回的损失。比如,某建筑企业A由于轻信自然人B具有代理某外资企业C洽谈厂房施工合同的代理权,与B订立了以C为发包人的施工合同,并为履行合同作了大量的准备工作,签订了租赁设备、采购材料的合同,最终C拒绝追认,而B远遁境外,A无端遭受巨额损失。上述类似案例,在僧多粥少、竞争激烈的建筑工程承包市场上并不少见。

[条文] 第十三条 被代理人依照合同法第四十九条的规定承担有效代理行为所产生的责任后,可以向无权代理人追偿因代理行为而遭受的损失。

[解读]《合同法》第四十九条涉及有关表见代理及其法律后果的规定。所谓表见代理,是指行为人没有有效代理权而以被代理人名义订立合同,善意相对人有合理理由相信行为人有代理权时,法律规定行为人的代理行为对被代理人构成

有效代理,因而被代理人应承担该有效代理行为所产生的责任。

但《合同法》对于无权代理人是否应承担责任及承担何种责任没有进一步规定,本条司法解释填补了这一缺憾。

从法理上讲,合同法之所以规定表见代理情形下被代理人应当按照有效代理对合同相对人承担合同责任,是因为表见代理行为的存在总是基于被代理人的过错,以及合同相对人的善意无过错。被代理人的过错可能是疏于内部管理,以致无权代理的行为人获得了向外界或第三人表明自己能代理被代理人的资格证明,比如取得了盖有被代理人公章的空白介绍信或委托书;被代理人的过错也可能是缺少民事法律常识或者轻信行为人,以致行为人超越代理权,比如给予行为人的代理授权文件内容存在多种合理的理解,未设定代理期限;被代理人的过错还可能源于未尽合同法第六十条、第九十二条规定的合同当事人根据交易习惯应履行的通知义务,以致相对人不知行为人的有效代理权已经终止。合同相对人的善意无过错是指相对人对于行为人无有效代理权毫不知情,而根据常识和交易习惯善意地合理地相信行为人有代理权。如果被代理人的过错和合同相对人的善意无过错这两个条件不能同时满足,将不能成立表见代理。比如,行为人伪造被代理人公章和授权文件,被代理人无过错,则行为人的行为后果不应由被代理人承担;又如,相对人已经从其他渠道确知行为人的代理权被终止,仍以未获被代理人通知而被代理人存在过失为由,故意认同行为人以被代理人名义订立合同,则合同责任也不应由被代理人承担。

尽管基于被代理人的过错成立了无权代理人的表见代理行为,但归根结底无权代理人对于表见代理行为的成立负有最终的责任,因为只有无权代理人故意利用了被代理人的过错和相对人的善意信赖,才最终导致表见代理行为及其后果的产生。因此,无权代理人本质上构成了对被代理人的身份侵权,被代理人由于自己的过错,在向善意相对人承担了因有效代理行为所产生的责任后,有权向行为人追偿因其表见代理行为而遭受的损失。

此外,作为被代理人的施工企业向表见代理的行为人追偿损失的范围,一般限于直接经济损失,不包括间接损失,更不包括对企业商业信誉等造成的非财产性损失。

[建议] 施工企业在委派相关人员接洽签订有关工程项目施工承包合同事宜时,除了应当注意克服以往授权不明、授权代表与目标合作对象单线联系或者一经授权不管不问的粗放式企业合同管理模式之外,还应当注意将有关授权代表在企业中的任职变动情况通过企业单位之间的文件来往的其他途径(不再通过由授权代表出面的途径),及时书面通知拟订立合同的建设单位或发包人,以最大限度地减少表见代理情况的发生。

一旦发生《合同法》第四十九条规定的表见代理情况,施工企业作为被代理人依法承担其委派或授权人员有效代理行为的法律责任后,应当注意及时行使向该委派或授权人员的损失追偿权。为了充分行使追偿权,施工企业在日常的与其员工(特别是有可能被授权对外洽谈、订立合同的员工)订立的劳动合同中以及企业内部的规章制度中应当事先明确员工对外洽谈订立合同的基本程序和企业内的审批流程,并明确员工未经企业规定的程序对外订立合同,给企业造成损失的,应当依法承担赔偿企业损失的经济和法律责任。对于非本企业员工,由于特别理由企业需要授权其代表企业对外洽谈、订立合同时,更宜事先通过书面形式与该授权代表约定,其应当定期或者按照合同谈判、订立的进展节点向企业书面报告代理事项处理的进展情况,正式订立合同或者作出对企业有约束力的承诺之前,应当履行的企业内审程序和手续。授权代表未按其与企业约定代表企业对外订立合同,造成企业损失的,其应当承担完全的企业损失赔偿责任,必要时,授权代表尚应事先向企业提供某些担保。

[条文] 第十四条 《合同法》第五十二条第(五)项规定的"强制性规定",是指效力性强制性规定。

[解读] 学界一般认为,强制性规定分为效力强制性规定和管理强制性规定。实践中,可从下列方面考察具体的强制性规定属于何种强制性规定。第一,法律、行政法规明确规定违反禁止性规定将导致合

同无效或不成立的,该规定属于效力规范。第二,法律、行政法规虽没有明确规定违反禁止性规定将导致合同无效或不成立的,但违反该规定以后若使合同继续有效将损害国家利益和社会公共利益(不能将国家利益和社会公共利益作广义的理解,因为按照广义理解,任何违反行政管理规定的行为也被认为损害了国家对于社会事务的管理权,间接地损害了社会公共利益),也应当认为该规范属于效力规范。第三,法律、法规未明确规定违反禁止性规定将导致合同无效或不成立,违反该规定以后若使合同继续有效并不损害国家利益和社会公共利益,而只是损害当事人(包括合同双方当事人及与合同履行有利害关系的特定关系人)的利益的,属于取缔性规范,或者只是违反了行政管理规定,在此情况下该规范就不应属于效力规范,而是管理规范。第四,法律、法规明确规定违反禁止性规定将导致合同或条款可撤销可变更的,不应当认为该规范属于效力规范。

具体到建设工程施工合同,按照最高法院关于审理施工合同纠纷案件的司法解释的规定,施工合同具有以下情形之一的,认定无效:(一)承包人未取得建筑施工企业资质或者超越资质等级的;(二)没有资质的实际施工人借用有资质的建筑施工企业名义的;(三)建设工程必须进行招标而未招标或者中标无效的。

此外,《合同法》第十六条还规定,第一,发包人不得将应由一个承办人完成的建设工程肢解成若干部分发包给几个承包人;第二,承包人不得将其承包的全部建设工程转包给第三人或者肢解后以分包的名义分别转包给第三人;第三,禁止分包单位将其承包的工程再分包。根据上述最高法院关于审理施工合同纠纷案件的司法解释第四条的规定,承包人非法转包、违法分包建设工程的行为无效。其立法理由是,上述第二、三项情形的禁止性行为因必然导致实际施工费用被承包人盘剥、实际施工特别经常地发生偷工减料等危害建设工程质量安全的后果进而危害社会公共利益,被司法解释明确为属于效力性强制性规范;而对于上述第一项情形的禁止性行为,由于系发包人肢解工程,而一般发包人并无主动降低

建设工程质量和安全标准的内在动力,该行为并不经常产生危害社会公共利益的后果,因而应当属于行政管理上的禁止性规范,不产生民事法律关系上合同无效的结果。

一旦所订立的合同被认定为无效,施工企业不仅将不能取得因无效合同而约定的经济利益,而且还往往由于对无效合同的订立和履行具有主观上的明知或故意而承担或分担因无效合同而给合同当事人产生的相关损失。更重要的是,一般被依法否定合同效力的民事行为,通常也违反了行政管理的规定,施工企业除须承担民事责任外,还将承担一定的行政责任,比如,降低施工资质、行政罚款,情节严重的,可能被注销施工资质,甚至吊销营业执照。此外,如果导致民事合同无效的行为触犯了刑事法律的,比如通过串通投标行为获得虚假中标并订立施工合同的,施工企业及其负责人和主要责任人员还将承担刑事责任。

[建议] 施工企业在订立施工合同的过程中,应当清醒地认识到,哪些订立合同的行为将导致合同无效,避免订立无效合同。在合同内容可能涉及依法必须招标的项目或者难以判断该承包范围是否属于可能被肢解的工程内容时,应当在合同中明确发包人已经必要的法定程序有权就本项目工程承包范围与承包人订立合同,以便万一由于发包人的原因导致合同无效时,施工企业不会承担或分担因无效合同而造成损失的责任。此外,施工企业不应出借自己的施工资质给他人,或借用他人的施工资质以承揽自身无相应等级资质承担的工程。

现浇钢筋混凝土结构施工常见问题解答（六）

◆ 陈雪光

(中国建筑标准设计研究院，北京 100048)

五、基础

1. 桩基础承台间连系梁中的纵向钢筋在承台内应如何锚固，连系梁中的箍筋是否有加密区的要求？

当采用单桩承台时，通常在两个相互垂直的方向均设置连系梁，采用两桩承台时，在短方向设置承台梁；有抗震设防要求的柱下独立承台，通常在两个主轴方向设置连系梁。连系梁的顶面一般与承台在同一标高上，而底部比承台底面要高一些。梁中的纵向钢筋是按计算结构配置的，当连系梁上有砌体或其他荷载时，应是拉(压)弯构件，箍筋是按抗剪要求配置的。①位于同一轴线上的相邻跨连系梁中的纵向钢筋应拉通设置；②连系梁中的纵向钢筋在边承台内的锚固应从承台边开始计算，伸入承台内的锚固长度按抗拉计算并不小于满足 l_a 的要求；③连系梁一般不考虑按抗震措施要求，不设置箍筋加密区，箍筋的间距不应大于 200mm；④当设计文件中有特殊要求时，应按其要求施工。

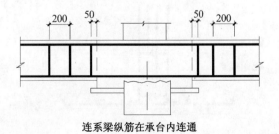

连系梁纵筋在承台内连通

连系梁纵筋在边承台内锚固

2. 独立基础间的拉梁在基础内应如何锚固，锚固长度应从何处算起，拉梁内的箍筋是否有加密区的要求？

独立基础间设置的拉梁通常是为了增强基础的整体性，以及调节相邻基础间的不均匀沉降变形等原因，当抗震等级为一级和Ⅳ类场地的二级框架，以及地基主要受力层有软弱土层、液化土层和严重的不均匀土层时，沿两个主轴方向也会设置基础拉梁。拉梁中的纵向钢筋是按计算配置的，当拉梁上部有砌体或其他竖向荷载时，其纵向受力钢筋是按拉(压)弯构件配置的。当独立基础埋深较深的时候，设置的与框架柱相连的地下梁不是基础梁，应是地下框架梁，不能与基础梁混淆，构造要求也是不同的。①当独立基础间的拉梁设置在基础顶面且是连续时，拉梁中的纵向钢筋锚固位置应从框架柱边缘算起；②当拉梁是单跨时，锚固长度从独立基础边缘算起；③纵向钢筋伸入支座内的锚固长度应不小于 l_a；

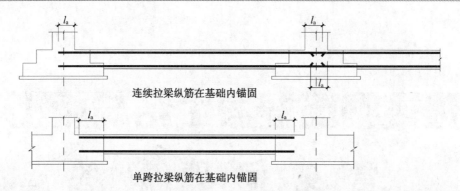

连续拉梁纵筋在基础内锚固

单跨拉梁纵筋在基础内锚固

④通常拉梁不考虑抗震设防要求,也无箍筋加密区的要求,箍筋的间距一般不应大于200mm;⑤当设计文件中有特殊要求时,应按其要求施工。

3.桩伸入承台内的长度是如何确定的,桩内的纵向钢筋在承台内的锚固长度应如何计算?

桩基础需要在承台内有一定的嵌固长度,嵌固在承台内的长度通常是根据桩的直径和桩边的尺寸来确定的,桩中的纵向钢筋在承台内的锚固长度,一般是根据桩的受力性质决定的;一般设计文件都会有明确的规定,应按图纸中的标注施工。①当圆桩直径或矩形桩长边尺寸小于800mm时,桩嵌固在承台内的长度为50mm;当不小于800mm时为100mm。②桩纵向钢筋在承台内的锚固长度不小于$35d$,当采用HPB235级钢筋时端部应设置弯钩;抗拔桩的锚固长度不小于$40d$。③对于坡地岸边的桩、抗震设防为8度及8度以上的建筑的桩、抗拔桩、嵌岩端承桩中的纵向钢筋应通常设置,桩径大于600mm的钻孔灌注桩,构造钢筋的长度不宜小于桩长的2/3。④当有地方标准的特色规定时,应符合地方标准的要求。

4.现浇钢筋混凝土柱中的纵向受力钢筋,在独立基础中的锚固长度应如何确定?是否应全部伸至底板钢筋网片上?

钢筋混凝土柱中的纵向受力钢筋,在独立基础内的长度应满足锚固长度的要求,在基础内设置固定纵向钢筋的箍筋。(1)柱内的纵向钢筋端部宜做成直钩,放置在基础底板的钢筋网片上,并满足钢筋的最小保护层厚度要求;(2)符合下面条件之一时,可仅将柱四角插筋伸至基础底板的钢筋网片上,其余插筋伸入基础内的长度应满足锚固长度$l_aE(l_a)$的要求:①柱为轴心受压或小偏心受压,基础的高度$h \geqslant 1\,200$mm时;②柱为大偏心受压,基础的高度$h \geqslant 1\,400$mm时;③基础内固定柱纵向钢筋的箍筋,可不做复合箍筋,数量不少于两道且间距不大于500mm;④柱的受力性质可向设计工程师询问。

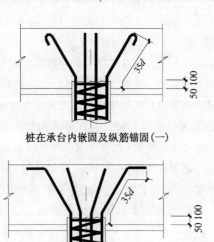

桩在承台内嵌固及纵筋锚固(一)

桩在承台内嵌固及纵筋锚固(二)

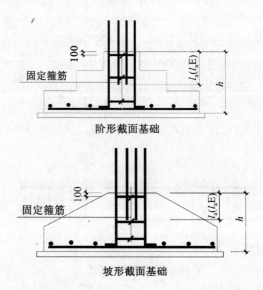

阶形截面基础

坡形截面基础

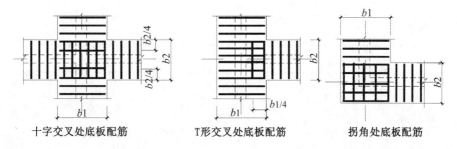

十字交叉处底板配筋   T形交叉处底板配筋   拐角处底板配筋

5. 条形混凝土基础，当宽度为多少的时候受力钢筋可以减短10%并交错配置，在条形基础纵、横交叉处应如何布置钢筋？纵向分布钢筋有何要求？

混凝土条形基础的受力状态相当于悬臂构件，端部的弯矩很小，《建筑地基基础设计规范》规定，当墙下混凝土条形基础的宽度较大时，底板的受力钢筋可减短交错配置，并对纵向分布钢筋的最大间距和最小钢筋截面面积也有规定。(1)当底板的宽度不小于2 500mm时，底板的受力钢筋的长度可以取基础宽度的0.9倍交错布置。(2)在T形及十字形交接处，板底横向受力钢筋仅沿一个主要受力方向通长布置，另一个方向的横向受力钢筋按设计间距可布置到主要受力钢筋底板宽度的1/4处；在拐角处底板受力钢筋应沿两个方向布置。(3)纵向分布钢筋的间距不大于300mm，每延米分布钢筋的截面面积不应小于受力钢筋的1/10，直径不小于8mm。(4)横向受力钢筋采用HPB235级钢筋时，端部应设置180°弯钩。

6. 独立短柱基础中的短柱竖向钢筋在基础内的锚固长度应如何计算，短柱内的箍筋及拉结钢筋有何构造要求，柱纵向受力钢筋在短柱基础内的锚固长度应如何计算？

由于地基土的不均匀或地基承载力特征值不满足设计要求，基础埋置较深等原因，部分基础或全部基础设计成短柱基础，为加强基础的整体性，在短柱基础的顶面处沿两个主轴方向还会设置基础连系梁。短柱中的纵向钢筋应在基础中有可靠的锚固长度，上部柱的纵向受力钢筋应锚固在短柱基础内。(1)短柱四角纵向钢筋应伸至底板钢筋网片上且满足锚固长度l_a的要求，并设置150mm长度的水平弯折段；其他纵向钢筋自基础台阶顶面处向下锚固的竖直段应不小于$0.5l_a$；(2)当短柱的截面尺寸较大时，短柱中的纵向钢筋应按间距不大于1 000mm伸至基础底板的钢筋网片上；并满足锚固长度的要求。(3)短柱内的拉结钢筋的直径应与箍筋相同，并按短柱纵向钢筋隔一拉一布置。(4)当抗震设防烈度为8、9度时，短柱内箍筋的间距不应大于150mm。(5)上部结构柱中的纵向受力钢筋在短柱内的锚固长度应不小于$l_a\mathrm{E}(l_a)$。

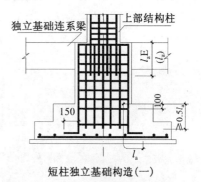

短柱独立基础构造(一)

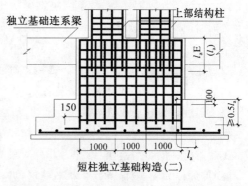

短柱独立基础构造(二)

7. 筏形、箱形基础设置后浇带的上下层钢筋是否需要断开，对不同种类的后浇带的后浇混凝土时间有何要求？

基础中的后浇带一般可分为两种，温度后浇带和沉降后浇带。当基础的长度较长时每隔30~40m设置一道温度后浇带，当主楼和裙房高差较大或沉降量不均匀时，会设置沉降后浇带，后浇带一般设置在结构受力影响较小的部位，宽度通常为

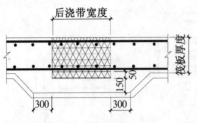

钢筋在后浇带处贯通

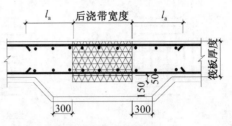

钢筋在后浇带处搭接连接

800~1 000mm，后浇带要贯通建筑物的整个横断面。温度后浇带设置的主要目的是为了防止混凝土在施工过程中，因温度的变化和混凝土收缩产生的裂缝；沉降后浇带设置的主要目的是调节施工过程中的沉降差，减小因地基沉降差引起的结构次应力。后浇带处的钢筋有不断开和全部断开的两种方式，全断开的方式可以通过搭接钢筋实现应力传递，这种方式消除约束应力积聚的效果更好，目前的工程中很少采用钢筋全断开的方式，施工时应按图纸中的要求执行。(1)温度后浇带应待基础混凝土浇筑后不少于两个月再浇筑后浇混凝土；(2)沉降后浇带应在两侧结构单元沉降量符合设计要求，或主楼封顶后再浇筑后浇混凝土；(3)后浇带混凝土浇筑前应将两侧的浮浆剔除掉，清洗干净，后浇混凝土应提高一个强度等级并采用膨胀混凝土；(4)当采用钢筋全断开的连接方式时，后浇带处钢筋的搭接长度 l_1 应大于 $1.6l_a$，且伸过后浇带边缘不小于 l_a。

全国工程建设领域突出问题专项治理工作电视电话会议召开

会议指出，党中央、国务院决定用两年左右的时间集中开展工程建设领域突出问题专项治理工作，这对于维护公平竞争的市场原则，从源头上防治腐败，推动以完善惩治和预防腐败体系为重点的反腐倡廉建设深入开展；对于促进工程建设项目高效、安全、廉洁运行，保证中央关于扩大内需、促进经济平稳较快发展政策措施的贯彻落实，维护人民群众根本利益，促进科学发展，保持社会和谐稳定，具有十分重要的意义。

会议强调，开展专项治理工作要坚持围绕中心、统筹协调，标本兼治、惩防并举，坚持集中治理与加强日常监管相结合，着力解决工程建设领域存在的突出问题。要以政府投资和使用国有资金特别是扩大内需项目为重点，认真查找和纠正项目决策、城乡规划审批、土地审批和出让、工程招标投标、物资采购和资金管理使用、工程建设实施和工程质量管理等重点部位和关键环节存在的突出问题。要加大办案力度，严肃查处国家工作人员特别是领导干部利用职权违规插手干预工程建设以谋取私利等案件。对腐败问题，要发现一起，查处一起，决不姑息。要认真查找制度上的漏洞和管理中的薄弱环节，以改革的思路和创新的举措，健全制度、创新体制、完善机制，规范市场交易行为和领导干部从政行为。要充分发挥市场配置资源的作用，加快工程建设市场体系建设，强化市场监管和执法，建立健全工程建设健康有序发展的长效机制。要加强对法规制度执行情况的监督检查，加大工程建设项目行政执法力度，坚持有法必依、执法必严，坚决纠正各种违法违规行为，切实维护法规制度的严肃性。

海外巡览

2009年度ENR225强评选结果出炉：
我国内地50家企业入选ENR全球最大225家国际承包商

李枚

2009年9月5日，美国麦格劳·希尔建筑信息公司(McGraw-Hill)在其官方网站发布了2009年度Engineering News-Record(以下简称"ENR")全球最大225家国际承包商排名,我国内地共有50家企业榜上有名(具体排名见附件)。

ENR的统计显示,全球225家最大国际承包商的海外经营业绩在2008年大幅飙升。完成海外营业额合计达到3900.1亿美元,较上年度的3102.5亿美元增长了25.7%。从地区市场状况看,225家承包商的海外业绩仍然主要来自欧洲(1141亿美元)、中东(775亿美元)和亚洲(685亿美元)市场,三大市场海外营业额分别较上年增长了18.3%、23.2%和23.7%。此外,北非地区以78%的增长率位居增幅榜首,其2008年度营业额为509亿美元,加拿大地区以61.8%的增长率居涨幅第二;美国和加勒比地区市场由于受金融次贷危机影响,表现较差,分别上升13.2%和12.2%。从行业状况看,225家企业的交通运输、房屋建筑类和石油化工项目营业额居于行业排名前三位,合计占比达到74.1%。

纵观我国企业在本届排名中的表现,有如下几个特点：

一、海外业绩进一步增长,平均营业额增幅明显。 我国50家内地企业入选本届榜单,共完成海外工程营业额357.14亿美元,比去年的226.78亿美元增加了57.4%。虽然今年入选企业较上年较少了1家,但企业平均营业额达到7.14亿美元,相比2007年海外营业额的4.45亿美元增长了60%,说明行业的集中度在进一步提高。入选的中国企业最低海外营业额也达到10 014万美元,而2007年海外营业额仅为6 200万美元。

二、我国企业整体排名位置变化不大,但部分企业业务增长迅速。 本届入选企业在榜单中的位置与上年基本相同,中国交通建设股份有限公司连续两年排名中国企业第一名。中国机械工业集团公司、中信建设有限责任公司、中国冶金科工集团、四川东方电力设备联合公司、中国葛洲坝集团股份有限公司排名均稳步提升,其中,中国技术进出口总公司名次提升最快,比上年提高了82位,其次是上海电气集团股份有限公司、中国铁建股份有限公司和中国葛洲坝集团股份有限公司,名次分别提升了62位、51位和30位。在前15位入选企业中,只有两家企业排名较上年有所下降。

三、我国设计咨询为主的企业首次入选。 今年入选225强的合肥水泥研究设计院和中国水电工程顾问集团公司是首次入选,涉及水电、水泥等多个领域。

四、与国际领先承包商相比,我国企业实力仍有一定的差距。 名单显示,中国入选企业大都集中在名单的后半部分,排在100名以外的达到35家。本届全球最大225家国际承包商平均完成海外营业额为17.3亿美元,约为中国企业平均海外营业额的2.5倍,我国只有5家企业高于国际承包商海外平均营业额。全球ENR225强排名首位的德国HOCHTIEF公司2008年度海外营业额为261.81亿美元,而排名中国公司首位的中国交通建设股份有限公司2008年度海外营业额为58.58亿美元;全球排名前10位的公司2008年度海外总营业额为1455亿美元,而排名前十位的中国公司2008年度海外总营业额仅为226亿美元。

附件:2009年度ENR全球最大225家国际承包商中国企业排名

序号	排名 2009	排名 2008	公司名称	序号	排名 2009	排名 2008	公司名称
1	17	18	中国交通建设股份有限公司	25	140	158	北京建工集团有限责任公司
2	25	21	中国建筑股份有限公司	26	141	127	中国海外工程有限责任公司
3	28	48	中国机械工业集团公司	27	142	132	中国地质工程集团公司
4	51	102	中国铁建股份有限公司	28	143	135	青建集团股份公司
5	56	50	中国水利水电建设集团公司	29	145	**	合肥水泥研究设计院
6	59	72	中信建设有限责任公司	30	147	143	中国江苏国际经济技术合作公司
7	61	81	中国冶金科工集团有限公司	31	153	122	中国万宝工程公司
8	62	71	中国中铁股份有限公司	32	165	172	中国河南国际合作集团有限公司
9	72	100	中国土木工程集团公司	33	168	**	安徽建工集团有限公司
10	80	86	四川东方电力设备联合公司	34	172	154	中国大连国际经济合作集团有限公司
11	83	145	上海电气集团股份有限公司	35	175	165	中国中原对外工程公司
12	90	97	中国化学工程股份有限公司	36	185	183	中国机械进出口(集团)有限公司
13	94	103	中国石化工程建设公司	37	189	210	中国寰球工程公司
14	95	142	山东电力建设第三工程公司	38	191	199	新疆北新建设工程(集团)有限责任公司
15	99	129	中国葛洲坝集团股份有限公司	39	192	186	中国江西国际经济技术合作公司
16	100	76	中国石油工程建设(集团)公司	40	193	178	中钢设备有限公司
17	103	90	上海建工(集团)总公司	41	194	134	中国有色金属股份有限公司
18	109	191	中国技术进出口总公司	42	199	180	威海国际经济技术合作股份有限公司
19	112	94	中国石化集团中原石油勘探局	43	202	220	上海城建(集团)公司
20	120	118	中国石油天然气管道局	44	212	**	安徽省外经建设(集团)有限公司
21	122	110	中国水利电力对外公司	45	214	**	中国水电工程顾问集团公司
22	123	107	山东电力基本建设总公司	46	220	209	中鼎国际工程有限责任公司
23	131	95	中地海外建设有限责任公司	47	221	218	江苏省建设集团公司
24	137	140	哈尔滨电站工程有限责任公司	48	222	206	中国武夷实业股份有限公司

备注:1."**"表示企业在该年度未参加或未入选225家最大国际承包商排名。
2.本届排名基本数据为企业上一年度即2008年度对外承包工程完成营业额。

国际工程承包中的问题与对策

徐 枫

(中国社会科学院财政与贸易经济研究所,北京 100836)

摘 要:经济一体化背景下,国际工程承包市场容量迅速增长,相应的竞争也日趋加剧。面对国际工程市场的发展态势,"走出去"的建筑企业机遇与挑战并存。本文就我国建筑企业国际工程承包过程中,存在的制度瓶颈、资源瓶颈和管理上的诸多瓶颈进行了分析,作出相关的应对策略,提出建立"3+1"相结合的现代化管理模式,选择阶梯式推进作为宏观战略,以期在竞争合作中扩大国际建筑市场的承揽份额。

关键词:国际工程承包,问题,对策

一、引言

国际工程承包行业是世界经济的重要组成部分。从未来发展看,国际工程承包将在三个领域具有巨大增长潜力:一是基于全球产业结构全面调整的基础能源与基础设施方面的工程投入增大;二是国际能源需求的扩大促进石油化工项目的增长;三是长期受水资源威胁的亚洲国家的供水项目和环保项目呈现增加趋势。

建筑业作为我国一种新兴的服务产业,从20世纪80年代起发展至今,是国家支柱产业。随着经济全球化融合的加深,对外承包工程已经成为我国对外投资与合作的重要组成部分和实施"走出去"战略的重要内容之一。从2000~2008年国际收支平衡表上的数字来看,我国国际工程承包发展强劲。这体现在两个方面,一是随着国内外市场容量的增长,直接体现在贸易总量上的增加;二是源于依据入世承诺的GATS《服务贸易总协定》,各国建筑市场准入限制壁垒的减少,成为建筑服务兴旺发展的推动力,促使贸易顺差逐年增长。

具体而言,我国国际工程承包的发展可以分为两个时段:一是入世前,二是入世后。表1中数字指标的反映最为明显:我国未加入WTO之前,由于中国建筑公司不能从服务贸易自由化中获益,在海外市场中公平参与东道国政府和私人机构、企业投资项目的机会很少,只能获得由国际金融机构支持的以及在国内的外资项目,一系列因素造成了我国国际建筑工程服务业市场份额的狭小,表现在国外服务贸易市场总量上所占的份额比重一直较小,2000、2001年在国际收支平衡表上表现为建筑服务贸易的

2000~2008建筑服务贸易进出口情况(千美元)　　表1

经常项目	年份	贸易差额	贷方	借方
建筑服务	2008	5 965 493	10 328 506	4 363 013
	2007	2 467 280	5 377 097	2 909 817
	2006	702 918	2 752 639	2 049 721
	2005	973 567	2 592 949	1 619 382
	2004	128 662	1 467 489	1 338 826
	2003	106 416	1 289 655	1 183 239
	2002	282 587	1 246 448	963 861
	2001	-16 815	830 194	847 009
	2000	-392 131	602 313	994 444

数据来源:国家外汇管理局国际收支平衡表2000~2008年。

两年逆差;2001年底入世后,建筑服务增长强劲,表现为国际收支平衡表上的持续贸易顺差(2002~2008年),并呈现出顺差进一步扩大的态势。

二、国际工程承包的发展态势及中国的现状和机遇

(一)全球建筑业规模成扩大趋势。 目前国际承包工程最热的市场在中东、印度、中国、美国等国家和地区。同时,亚洲、南美、中东欧、中东、北非等地区发展最为迅速,非住宅建筑和基础设施建设将保持较快增长。当前,美国仍为世界第一大建筑市场,中国已成为世界第三大建筑市场。2007年国际工程承包业务领域和地区市场快速增长的主要因素源于石化工程和中东市场。美国《工程新闻纪录》ENR的业务统计还显示房屋建筑、交通工程和石化工程继续占据了国际工程承包市场的绝大部分份额。

(二)国际承包市场份额争夺的状态持续上升。 由于国际承包商业务总量增长较快,赢利能力有所提升,国际化程度继续加大。根据ENR数据统计,在2002~2006年,225家最大国际承包商国际营业额总和占营业总额的比例继续保持逐年稳步上升的趋势。在225家最大国际承包商中,位居前列的企业国际化比例更高,国际承包商在持续加强国际市场的开拓力度。

(三)总承包方式快速变革。 随着国际工程承包市场的发展,国际建筑工程的发包方越来越重视承包商提供综合服务的能力,国际承包商承担项目的设计和施工、运作,同时还要承担工程所需的融资,新型的工程模式如EPC(设计-采购-施工)、PMC(项目管理总承包)等一揽子式的交钥匙方式,以及BOT(建设-经营-转让)、PPP(公共部门与私人企业合作模式)等带资承包方式在国际大型工程项目中广为采用。承包和发包方式发生深刻变革的同时,利润重心也在随之转移,传统的设计与施工分离的方式正在快速向总承包方式转变。

就我国建筑业面临的机遇而言,我国正在逐步融入世界经济一体化的进程。"入世"的积极影响将成为国内建筑业的推动力,促进国内建筑市场竞争机制的建立、完善和规范化;同时,市场开放的扩大,有利于我国建筑市场的活跃和发展,我国企业将更容易获得国外承包商先进的管理理念和技术转化,促进国内建筑企业向技术密集型转变和向国际化发展,推动我国内地大型建筑企业走向我国港澳、东南亚、日本和西方市场,有利于扩大在国外市场的份额。随之迅速提高我国建筑资源配置的效率,突破以往封闭条件下在需求和资源配置方面的各种制约,同时带动相关产业的发展,促进我国建筑业体制的变革,加速建筑市场规范化的进程。

伴随着我国对外承包工程业务规模的扩大,合作领域不断拓宽,中国企业承揽的工程项目已遍及全球100多个国家和地区,初步形成了多元化的市场格局(雷全立,2004年)。当前,国际工程承包业务已成为我国对外经济合作的重要组成部分(夏银聚,2003年)。目前,我国对外工程承包业务的领域和规模不断扩大,对外工程承包签订合同额累计逾千亿美元,年增长率高达30%左右,大型国际建筑集团不断涌现。由ENR评选的2007年全球最大的225家国际承包商和全球最大的225家承包商排行榜中,上榜的中国公司49家。以中国水利水电建设集团公司的排名为例,在全球最大的225家国际承包商的排名中,一年快速上升了16位,提至第51位;同时出炉的2007年全球最大的225家承包商的排行榜中,上榜的中国公司达25家;在参评的全球最大200家国际设计商的排行榜中,中国15家设计公司上榜。

三、我国国际工程承包业务发展中存在的问题

一体化的经济是对产业优胜劣汰重新洗牌的过程。当前,我国建筑业面临的国际工程市场,是一个高竞争、高技术、高管理水平的高端竞争领域。我国国际工程承包业务发展中仍存在着诸多的问题,概括起来,有如下三方面的瓶颈:

(一)制度瓶颈。 制度瓶颈体现在两个方面:一方面我国建筑业长期受传统的计划经济体制的约束,所有制结构中,国有经济比重偏大,无法促使有限的资源在市场中得到最有效用的配置;而且从产业内

的组织结构来看,产业集中度较低,大型垄断的建筑企业集团较少,属于典型的非集中竞争型市场。

另一方面表现在适合建筑业国际化发展的相应管理机制及配套措施缺乏,同时,对于国际工程承包市场的国际惯例和国际竞争规则缺乏全面的了解。国际工程承包需要三个层次的企业结构:工程总承包、专业承包和劳务分包。长期以来,在我国企业资质管理中,施工与设计资质是长期相分离的,设计和施工企业分别被视为两类资质,实践中企业的设计职能往往与总承包职能脱节。直至2003年,建设部下发"30号"文件,针对当时的建筑企业资质管理状况,明确了承认勘察与设计企业可以开展工程总承包业务,并提倡对建筑工程实施总承包。

(二)**资源瓶颈**。一个优质的国际企业集团必须具备施工与设计完美结合的运营能力。强大的规划设计能力和管理能力是获取国际高端建筑市场高额利润的根源所在,也是保持国际竞争优势的必备条件。我国建筑企业资源瓶颈突出体现在人力资源和技术资源两大方面。我国的建筑业技术应用层次不高,技术含量较低,主要表现在施工和设计两个环节中,设计的技术含量低。长期以来,这两点最终表现为承接国际工程承包的企业缺乏国际竞争能力,如实体经济一样,处在国际建筑市场的产业链竞争低端,只能获取级次低的利润层次,无法获取国际工程市场的高端丰厚利润。另一方面,源于我国建筑勘察、设计、施工行业整体水平较低,国际工程承包经验的人才匮乏,因此只能承接少数东南亚和西亚、非洲这些非发达地区国家的非重大工程项目,靠人力成本低廉的优势,而非技术优势获取承包利润,或者依从于大型跨国集团进行分包作业。

(三)**管理瓶颈**。高层次的管理是国际工程大承包商必须具备的组织能力,在国际工程市场,其中一大管理特色就是市场认同的"合同管理"。国内建筑企业由于产权结构国有化、单一化所致,其管理效率较低,层次过于繁多而复杂,而且长期依赖于行政手段。这种不灵活的经营管理机制必然导致决策效果和决策速度的低下。国际工程承包,面临的是一系列

完整的流程,从最初的设计咨询,到中期的工程承包合同的签订,持续到具体的劳务活动,每一环节都需要面对问题及时作出正确的判断和决策,全过程需要专业的理性和整体的大局观,更需要具备长远的国际发展目标和战略性的规划。这些管理上的体制和规划问题,都是我国的建筑企业在短期内无法快速提高的。

四、应对策略

(一)建立"3+1"相结合的现代化管理模式

其中"3"是指三大体系,"1"是指企业自身经营理念的完善和改进。前者包括建立国际通行的质量管理体系、环保管理体系和安全管理体系。以这三大体系为核心,以企业自身作为改进基础,有机地构建能够协调运作的企业现代管理模式和管理方式。以国际化的标准来统一企业的管理模式,可以促使企业迅速地熟悉国际市场的规则,遵从国际市场的规律,规范化参与国际工程的业务运作。进而提升国内企业"走出去"的规范化标准,获得更持久的国际市场信用认可度。

相对于企业而言,应立足于创造自有产权的核心技术设计理念,培养新技术的开发能力,强化创新意识,加强创新投入,提高企业创新能力。面对竞争日益激烈、复杂多变的国际工程承包市场,我国的国际工程承包与施工企业必须加强自身的创新意识,提高技术创新和管理创新的能力,增加建筑行业的科技含量,提高科技对经济增长的贡献率。高新技术主要通过研发和引进获得。科技进步一方面源于业内技术资源共享,可以加大企业的技术科技投入,进行自主研发。另一重要来源是引进专业技术,这种技术引进包括外资进入所带来的技术外溢。

(二)选择阶梯式推进策略作为宏观战略

"阶梯式"推进的主导战略思想是对国际工程承包市场的进入进行整体规划和结构性调整。从所进入的国际市场角度看,可以先进入发展中国家建筑承包市场,逐步推进到发达国家的工程承包市场。其原因在于,承接国际工程,我国企业在技术和管理上

目前存在着相当差距,我国建筑业的经营管理体制不能充分适应国际需求,但是当前我国出口人力资源充足和廉价,这方面的比较优势短期看还很突出,可以充分发挥成本低的优势,凸显成本优势和比较优势。占据发展中国家工程承包市场的另一方面原因在于,亚洲、非洲和中东欧地区的国家为推动本国经济的发展或提高民生福利,多制定基础设施和住房建设的投资计划。包括印度、印度尼西亚、伊朗、泰国、巴基斯坦、越南、马来西亚、阿联酋、沙特、苏丹、阿尔及利亚、尼日利亚等。由于基础工程的建设周期漫长,可以留给我国企业一段缓冲期。在这种弹性区间里,我国的建筑企业可以逐步适应国外建筑承包的运作和经营模式,从承包方式、融资渠道、管理模式等方面最终与国际承包业接轨。当然从长期的时间来度量,入世后的资源配置将要重组,会增高我国的人力资源成本,使这方面的比较优势转化和下降。

除了进入国际市场布局角度之外,碍于当前国内建筑业技术上的瓶颈,国内"走出去"的建筑企业可以从充分承接分包作业至整体承包逐步推进,以此来弥补自身技术上的薄弱。企业作为一个有限的组织,资源瓶颈的出现在所难免。发达国家的企业集团规模大、技术水平高、以获取丰厚利润为目标(韩钰,2004年)。外资由于自身的比较优势,更容易抢滩重大的国际工程项目。这些项目利润较高,从国内承包商双方的比较优势互补而言,这种"梯级式"的工程作业承包方式更有利于中国企业逐步成长壮大,并在分包过程中学到国际总承包商更多可贵的管理运营经验。

(三)在竞争中合作扩大国际建筑市场的承揽份额

究其根源,"走出去"承接国际工程承包的企业,其根本目的在于扩大国际承包的市场份额,获取更多的利润,并寻求更深远意义的发展。当前,面对的国际建筑市场非常广阔,前景良好,但机遇与挑战并存。企业只有抓住机遇,顺应世界经济发展趋势,坚持国际化发展战略,才可能更好地生存和发展下去。目前国际工程承包市场中,市场竞争的加剧表现在两个突出的方面,一方面在国际工程承包过程中,建设成本越压越低,对企业的要求越来越高;另一方面是前文中提及到的建筑业的承包方式转变很快,由单一的施工方式转变至 EPC 等新工程作业方式盛行。国际承包商及跨国公司综合实力强、技术专业、资金雄厚,强强联合抢占了大部分市场份额。我国建筑企业不具备太强的争夺国际高端建筑承包市场的能力,不易取得国际重大工程的总承包权。与此同时,技术日新月异的发展更新也在不断促使大型国际承包商竞争实力的强化提升。而建立国际战略联盟,加强同国外的经济技术合作,以合作为基础的战略联盟方式整合外部资源更具可行性和操作性(何小洲、刘姝,2006年)。世界500强企业和国际工程承包商发展的经验证明:在企业选择不同经营的四种企业模式中,单项业务企业、主导产品企业、相关联企业、无关联企业的成功比例分别为7%~28%、35%~38%、29%~46%、3%~12%,这些数字指标说明采用相关联多元化企业和主导产品企业的成功率较高(李进峰,2005年)。

同时,合作可以互补、分散国际工程的承包风险,将专业技术进行兼容。当然,为了长久的联盟关系,在联盟协议的签订过程中,双方应努力达到"共赢"。在竞争中合作,加快国内企业经验的积累,增强企业的技术和市场开发能力,扩大市场份额,统筹国内发展和对外开发,增强国际竞争力。最终由"劳动密集型"建筑企业向"技术密集型"承包企业转变。

参考文献

[1]何小洲,刘姝.中国建筑企业开拓国际工程承包市场的SWOT分析及战略探讨.建筑经济,2006(7).

[2]李进峰.提高企业竞争力占领国际工程承包高端市场.建筑经济,2005(6).

[3]雷全立.我国国际工程承包公司发展状况研究.建筑经济,2004(5).

[4]中国外汇管理局.国际收支平衡表 2000~2008.

[5]尚辉.中国对外承包工程/劳务合作发展报告 2005~2006.国际经济合作,2006(4).

[6]童继生.充满机会和挑战的国际工程承包市场.国际经济合作,2005(12).

拓展金融危机下的美国建筑市场

周 密

(商务部研究院跨国经营部，北京 100710)

作为全球最大的建筑市场之一，美国一直都是全球工程承包商最为关注的市场之一，2008年建筑业的GDP达到近2.1万亿美元。根据ENR的统计，2007年全球工程承包225强在美国承包业务收入仅为369.1亿美元，占其全球收入的11.9%，但是仅占到美国建筑业产值的1.8%，发展潜力巨大。225强中的中国工程承包企业在美国仅获得了3.89亿美元的收入，仅占到225强在美收入的1.1%，以及美国建筑业产值的约1/10000。金融危机为企业带来巨大的机遇。中国工程承包企业应该在控制风险的前提下，积极拓展美国建筑市场。

一、美国建筑市场潜在发展空间巨大

二战以来，美国以其雄厚的经济实力和高科技制高点的优势，大力发展建筑产业，吸引了来自全球的承包商。然而，金融危机对美国建筑市场造成巨大影响，在短期内，除与生活密切相关和技术含量较高的行业外，大部分建筑行业领域将持续低迷。

1.金融危机前美国建筑市场保持持续发展

21世纪以来，在经济处于上升通道的拉动下，美国建筑市场一直保持较好的发展。尽管受"911"恐怖袭击和亚洲地区SARS疫情影响，美国建筑业在2001年第4季度和2003年第2季度出现微幅下跌（环比分别下降0.9%和1.4%），美国建筑市场总体保持发展趋势。从2003年第2季度开始，建筑行业的收入几乎呈线性增长。2006年1季度，美国建筑业的产值达到这一周期的波峰，6 657亿美元，与2003年2季度的4 720亿美元相比，增幅达41.0%，季度复合增长率高达2.9%。

2.金融危机对美国建筑业发展造成巨大打击

次级抵押贷款危机（以下简称"次贷危机"）爆发前，受市场预期和投资者撤离影响，美国建筑市场已经预先开始下滑。按照产值计算，自2006年2季度开始，美国建筑业产值就呈现下滑。2007年2季度，美国建筑业产值为5 647亿美元，已经比2006年1季度减少15.2%。而同期建筑业在美国国内经济的比重下滑更加明显，从5.7%下降到4.6%。与此同时，2007年美国建筑业的雇员数量也从上年的790万人减少到785.1万人，降幅为0.6%，明显比同期美全国产业雇员总量1.0%的增幅要差许多。

2008年，美国建筑市场继续下降。2008年4季度，建筑业产值为5 104亿美元，同比下降了5.7%，与2006年1季度的周期顶点相比则下降了23.3%，已经跌回2004年2季度的水平。

3.美国建筑业未来发展仍不乐观

尽管奥巴马上台后推出了大型经济刺激计划，接管房利美（Federal National Mortgage Association, Fannie Mae, 联邦国民抵押贷款协会）和房地美（Federal Home Loan Mortgage Corporation, Freddie Mac, 联邦住房抵押贷款公司），阻止现有房贷风险继续增加,减少呆坏账的积聚;加强基础设施建设和政府投资,2009年美国建筑市场仍继续保持下降。1季度,建筑业产值为4 924亿美元,同比又下降了6.6%。建筑业在美国经济中的比重降到了4.1%,比2001年1季度还要低1个百分点。

根据美国《工程新闻记录》杂志在2009年5月的调查,工程承包商对美国建筑市场的未来发展并不乐观。受访的752家企业中,86%认为建筑业仍将继续下降,13%认为将保持平稳,仅有约1%的受访企业认为市场将触底反弹。

4.传统领域受影响较大,生活必需和新兴产业较为乐观

根据ENR的调查,各个行业的发展有较大不同。企业对目前商业写字楼的预期最为悲观,92.1%的受访者认为该细分市场将仍继续下降,而健康医疗、基础教育、高等教育、运输、能源和危险废弃物处理等市场领域则相应要好得多。仅有约1/3的受访企业认为当前市场会下降,而有约一半的受访者认为这些行业领域将保持平稳发展。

对未来一季度至半年各行业的发展情况,受访企业要乐观一些。除商业写字楼、物流仓库、娱乐设施、多单元住宅、零售和旅馆外,其他领域都有复苏。受访者中有半数左右认为美国的运输业、给水排水和污水处理、发电、环境保护和危险废弃物处理等领域将率先复苏。

受访企业对未来一年至一年半美国各行业普遍不再悲观,大多数细分行业领域都将平稳发展,一些新兴领域和能源产业将步入上升周期。

二、对中国企业在危机下实现国际化发展的建议

面对处于发展低谷的美国建筑市场,中国企业有着难得的发展机遇,应该审时度势,把握机遇,努力实现自身的跨越式发展。

1.规划企业长期发展路径,制订发展战略

金融危机影响了全球格局和实力对比,给中国企业带来了一个崭新的天地。尽管按照ENR排名,中国的国际工程承包企业进入全球225强的数量逐年上升,但大多数企业还只是跟着自身的感觉走,着力于短期的营销和业务拓展,缺少长期战略的指导。在机遇面前,中国承包企业要精心谋划,确定自身的定位和发展战略目标,设计发展路径。

在发展路径选择上,除了需要结合企业自身的特点,还应该了解并分析国际市场的情况。例如,商务部在2009年3月发布了《对外承包工程国别产业导向目录》(首批),对13个国别的承包工程产业进行了分析和分类,为企业开展对外承包业务提供了积极的支持。

2.积极开拓美国市场,经营形式更为灵活

美国市场是全球最为重要的建筑市场之一。尽管由于中国尚未加入"政府采购协议",企业参与美国政府采购的难度较大,但仍然存在不少机会。在竞争激烈的美国市场上,企业总是努力提高各种资源的使用效率,尽可能降低成本。金融危机对建筑市场的各种消费者影响巨大。作为全球第八大经济体,美国加州的现金于7月24日告罄,其他州也会先后出现流动性危机。而作为微观经济的主体,企业的现金流更为紧张,不少企业破产。

与之相比,中国工程承包企业所受影响较小,可以探索进入美国市场的新渠道,形式上也应更为灵活。不仅限于直接承包,也可以更积极地探索承接分包、转包等形式,还可介入一些由于开发商资金不足而中途暂停的工程项目。

3.适当考虑资本运作,利用领先企业现有资源

开展工程承包的企业可以探索国际资本运作的新渠道。中国企业在"走出去"的时候,往往仅是在劳动力成本上具有优势。与领先企业在技术、管理、研发上相去甚远。而这种差距在近几年还有扩大的趋势。尽管中国企业承包的海外工程业务额增长较快,利润率却普遍不高。由于技术缺乏、不适应国际规范和标准,企业在不少领域无法与其他企业开展竞争。

金融危机下,美国一些工程承包企业,特别是具有一技之长的专业领域承包商可能受到较大影响,甚至出现破产。中国企业可以在自身国际化发展战略的指导下,适时通过并购或参股等资本运作模式,获得这些企业的管理权,充分利用其优质资源。

4.加大技术创新,"走出去"与"引进来"相结合

根据ENR的调查,技术含量较高的新兴领域和服务性领域受金融危机的影响较小且复苏速度较快。中国的工程承包企业在路桥、涵洞、堤坝、高层建筑等领域的施工上已经形成了自身的优势。然而,在一些新科技、新能源和环境保护等领域,中国企业进入得还不够,技术能力还存在较大欠缺,巨大的蛋糕没有实力去参与分享。受技术水平所限,中国企业只能在传统领域相互竞争,更进一步限制了企业的发展。

金融危机下,中国工程承包企业可以通过合作、收购等方式,以更低成本获得一些高端的工程技术,快速提高自身的技术水平和国际竞争力。同时,由于中国的人口基数大,经济社会都处于快速发展过程中。一些保障经济运行、满足人民日益提升需求的技术,在中国市场拥有广阔的发展前景。如果能够在金融危机中实现"走出去"和"引进来"的更好结合,就可能在经济全球化日益深入的未来占领技术制高点,从比拼劳动力价格的低水平竞争中脱颖而出。

5.人才培养和知识产权保护相结合,增加品牌影响力

在拓展美国市场的过程中,中国企业应充分认识到美国对知识产权的保护力度,熟悉有关知识产权的相关法律规定。既要避免在经营中惹上侵权的法律纠纷,又要保护自身的知识产权。在加快国际化经营的过程中,要用好各类人力资源,奉行"拿来主义",把企业人力资源建设放到重要位置,在培养和锻炼企业派出人员的同时,也尽量为当地创造更多的就业岗位。

在投标过程中,中国企业应当遵守当地的行为规范,尽快转变在一些制度不规范地区投标的理念。美国建筑工程市场规模较大,业主对工程质量相对要求较高,而并不把价格放在第一位。中国企业在承包工程时,应避免兄弟相争和恶性的价格战,应把好建筑的质量关,建设地标工程和样本工程,迅速提高企业自身品牌的国际知名度。

中美签署世界最大太阳能发电项目

中国政府与美国第一太阳能公司(First Solar Inc.)于美国当地时间9月8日签署了一项合作备忘录(MOU),双方计划在内蒙古鄂尔多斯市建造发电量为2千兆瓦的太阳能发电厂。

全球最大的太阳能设备制造商第一太阳能公司将在鄂尔多斯市杭锦旗能源化工基地内,兴建占地65平方公里的太阳能发电厂。第一太阳能公司还计划建立专门工厂,生产电厂所需的太阳能模块和电池板。

该项目建设工程分为四期:第一期于2010年6月1日开工,建成后发电30兆瓦;二期和三期工程分别可发电100兆瓦和870兆瓦,预计2014年底前完工;第四期可发电1000兆瓦,将在2019年底前建成。

第一太阳能公司的一位发言人称,双方目前的商讨尚未深入至项目投资费用、售电价格等内容。按照美国本地成本计算,该项目可能耗资50亿至60亿美元,但在中国的建设成本可能低于这一标准。

中国政府将对该项目提供支持,其中包括一项长期规定售价(feed-in-tariff)。埃享预计,该太阳能电厂售电价格应为每千瓦时15美分至25美分(人民币1.02元至1.71元),这虽然明显低于德国和西班牙的太阳能电价,但在中国,足以使电厂较之于传统发电厂具有竞争力。　　(晓边)

海外巡览

德国政府海外承包工程政策评析

李明哲

(北京对外经济贸易大学，北京 100024)

金融危机爆发后，全球国际工程承包市场竞争日趋激烈，尤其是在工业化建筑和基础设施建设领域。虽然中国、印度等国建筑业的发展势头十分强劲，但德国、法国、英国、意大利和西班牙等国，凭借多年积累的竞争优势，依然在世界工程承包市场格局中占据着重要的位置。

来自德国的两家公司，霍克蒂夫(HOCHTIEF AG)和比尔芬格柏格(BILFINGER BERGER AG)已经连续多年入选全球最大 225 家国际工程承包商名录的前十位。尤其是霍克蒂夫公司，始终稳居跨国承包商100强的榜首。德国企业能够长时期在国际工程承包市场中立于不败之地，与德国政府在对外投资、风险管理方面的一系列支持政策、措施密不可分。

一、德国海外承包工程领域使用"FIDIC条款"的统一规定

在海外工程承包领域，德国并没有制定专门的法律、法规，其做法是遵循国际通行惯例"FIDIC条款"。该条款是由国际工程师联合会制定的，包括三种模式的国际合同条件，分别简称为"红皮书"、"黄皮书"和"橘皮书"。红皮书为"土木工程施工条件"，黄皮书为"电气与机械工程合同条件"，而橘皮书则为"设计-建造和交钥匙工程合同条件"。

国际工程师联合会于1913年由法国、英国、比利时三国咨询工程师协会共同创立，现有60多个成员，下设欧盟分会、北欧成员分会、亚太地区分会和非洲成员分会。创立目的主要是维护成员协会的利益，并向成员协会传播相关的行业信息。该联合会所制定的文件如"资格预审标准格式"、"合同文件及业主/咨询工程师协议书"等都是对外承包工程的重要参考资料。多数情况下，德国对外承包工程是按照国际工程师联合会制定的合同条件进行管理的。

二、德国政府对海外承包工程的主要扶持措施

(一)融资支持

近年来，各国基础设施建设需求不断增大，尤其是发展中国家，但同时各国政府的财政资源又十分有限，不可能对项目提供完全的资金支持。因此，基础设施建设的业主往往要求承包商采取BT (Build-Transfer，建造-移交) 或 BOT (Build-Operate-Transfer，建造-经营-移交)的方式承接项目，使得承包商的融资能力成为参与国际市场竞争最重要的砝码。据估算，当前带资承包项目占国际工程承包市场的65%。这意味着承包商如果没有强有力的金融支持将很难有所作为。[①]而承包商本国在对外投资上的政策、做法直接影响到承包商的融资环境。

针对这一情况，德国政府采取了一系列促进、保护对外投资的措施。

首先，德国政府对德国公民(包括自然人和企业)向境外投资，除敏感企业外一般无审批和登记等要求。

其次，德国政府通过与发展中国家和新兴国家签订双边投资促进与保护协定，对德国企业在国外的经济利益提供法律保障，进而促进企业走出去。德国政府的这种做法不仅保障了本国投资者在境外的

---

①谭恒.国际工程承包市场分析及对策.技术与创新管理,2008.

投资活动,而且促进了本国企业,特别是中小企业开拓外国市场。截至2006年年底,德国已经和140个国家和地区签订了双边协定,使德国企业,特别是跨国公司在境外的投资置于有效保护网络之中。投资保护协定的内容是:投资可以享受国民待遇;保证资本和赢利的自由汇出;用法律手段对私有财产进行保护;投资者与所在国发生争议时可提交国际仲裁法庭解决。

第三,德国联邦政府为本国企业投资提供联邦政府投资担保。这一措施有力地促进了德国企业在境外的投资,提高了德国企业在国际市场的竞争能力。从1959年联邦投资担保产生以来,截至2007年年底,德国企业共提出了7 679项担保申请,申请金额为651亿欧元,联邦共承担了4 525项担保,担保金额为469亿欧元。其中,2007年登记申请金额为自1959年来最高,达121欧元,项目142个(表1)。①

2007年德国对外投资担保行业分布情况表　表1

行　业	所占比例(%)
石油、天然气生产	3
其他第一产业(如农、林、水利)	1
汽车工业	23
机械制造	7
建筑业	7
食品和奢侈性食品行业	6
其他第二产业(如能源、钢铁)	15
贸易、生产营销、代表机构	21
金融服务	8
其他第三产业(如运输业)	9

以上统计数据来源:德国联邦经济部"对外投资担保2007年度报告"。

第四,通过有关机构提供多种形式的融资服务也是联邦政府支持企业境外投资的重要措施。德国在促进对外投资方面的主要机构有:德国复兴信贷银行、投资发展公司和德国技术合作公司。

1.德国复兴信贷银行,隶属联邦政府,是一家政策性银行。旨在促进本国经济以及发展中国家经济的发展,为德国中小企业在国外的投资活动进行融资,提供长期优惠贷款,筹措项目启动资金等,并且提供部分免除主管银行担保、额度通常在500万欧元以内的低息贷款,也给德国在国外的大型项目,主要是电力、通信、交通等基础设施提供贷款。目前,联邦政府通过复兴信贷银行在全球100多个国家实施的此类经济促进项目约为1 800个。

2.德国投资发展有限责任公司,直属德国政府,其基本任务是,通过参与资本投资,为德国私人企业在发展中国家和转型国家投资提供资金支持。项目涵盖农业、加工业、服务业以及基础设施建设等领域。主要为德国中小企业向发展中国家投资提供支持和服务,包括对投资企业合作的咨询,以长期贷款和资本金为主的两种基本形式的项目融资,以及其他形式的项目支持。旨在建立和扩大发展中国家以及转型国家私人经济结构,并以此为目的国经济的持续增长和当地人民生活条件的改善奠定基础。

3.德国技术合作公司,隶属于德国经济合作部,旨在促进德国与发展中国家经济技术合作。该公司受德国经济合作与发展部(BMZ)委托,在全球130多个国家开展合作项目。此外,它还接受德国其他政府部门以及伙伴国政府的委托,支持伙伴国的发展和改革进程。德国对发展中国家的无偿援助项目主要通过该公司实施。

(二)信息服务体系

德国政府建立起了一个完整的信息服务体系,该体系由政府和民间的有关部门、机构共同组成,相互配合,为企业提供各类信息咨询服务。信息主要有三类:第一,联邦经济部和各州经济部所提供的促进对外投资政策方面的政策信息。第二,由驻外使领馆、海外商会、工商会代表处利用网站形式提供的投资目的国在经济、税收、投资法律法规等政策方面的信息。第三,由联邦对外经济信息局提供的外国投资市场信息,包括投资需求等。

此外,德国有发达的行业工商会及行业协会体系。各级工商总会、各地工商会、海外商会和各行业协会积极为企业和政府进行沟通和联系,为企业对外贸易和投资牵线搭桥,提供咨询和信息服务,协助企业解决贸易和投资纠纷。一些大型和超大型项目

---

①中华人民共和国驻德意志联邦共和国大使馆经济商务参赞处.德国对外投资情况和保护促进措施,[2008-11-17].http://de.mofcom.gov.cn/aarticle/ztdy/200812/20081205947829.html?1563729157=1834139187.

占用资金规模大、周期长,一般企业很难独立承担。为了分散风险,国际承包商越来越普遍地选择与其他机构组成联合体来攻克大型和超大型的工程项目,因此,行业协会的存在也为公司组成联合体共同承担项目提供了便利条件。

(三)风险管理措施

国际工程市场的持续升温给国际承包商带来丰富的市场机遇,但是风险因素也在增多。风险规避及管理水平直接影响到对外投资活动,进而影响到工程承包项目的融资渠道。

1.签订"投资促进与保护双边协定(IFV)"

为了保障德国企业在境外的经济利益,德国政府与发展中国家和新兴国家签订"投资促进与保护双边协定(IFV)"。目前,已与120多个国家和地区签订了该协定,有效地保护了德国跨国公司在国外的投资。该协定的主要内容是:投资可以享受国民待遇和最惠国待遇;保证资本和赢利的自由汇出;用法律的手段对私有财产进行保护;投资者与所在国发生争议时可提交国际仲裁法庭解决。

双边保护协定的签署,为德国跨国承包商在国外的竞标、施工活动创造了一个公平竞争、无障碍的环境。

2.设立"赫尔梅斯出口信用保险(Hermesdeckung)"

德国推出的"赫尔梅斯出口信用保险(Hermes-deckung)",目的是规避和降低本国企业在出口贸易中遭遇的政治、经济方面因素引起的支付风险,实质是德国联邦政府委托Euler Hermes为德国企业提供国家出口信用风险担保,主要适用于对一些高风险国家的出口。主要产品包括:建筑工程担保(Constructional Works Cover)、合同结合担保(Contract Bond Cover)、承兑担保(Counter-Guarantee)、金融信贷担保(Finance Credit Cover)、信用额度担保(Framework Credit Cover)、租赁担保(Leasing Cover)、生产风险担保(Manufacturing Risk Cover)、项目融资(Project Finance)等。

3.制定《对外直接投资担保条例》

在对外投资风险担保方面,德国政府制定了详细的《对外投资担保条例》,该条例规定了对外投资担保的原则、条件、申请程序以及损害处理等内容,作为PWC与Hermes提供担保咨询、受理、审核申请以及IMA进行担保审核的依据。现行担保条例是1993年制定的,近年来不断修改和完善,以更好地适应企业的需要和境外投资的形势发展。

德国健全的投资担保体系,是德国企业在境外从事资源开发、大型工程项目承包以及中小企业从事对外投资、开拓国际市场的重要支持手段和有力保障。

(四)开拓国际市场

在当今竞争日益激烈的国际工程承包市场,企业的市场开拓能力,也是企业成功的关键。获取客户群,进而占据一定市场份额的首要一步就是让市场了解该企业的情况。

德国联邦政府和经济主管部门领导人出访时,利用政治影响力和经济手段为本国企业进行宣传,扩大企业的知名度和影响力。在重要高技术产品出口项目上,还派出政府高级贸易代表团出访,为企业开拓国际市场。此外,德国政府鼓励企业赴海外参加国际展览并提供参展补贴,此举有效扩大了企业的知名度。根据德国展览会协会消息,德国政府拟将2010年企业参展促进预算提高至3 800万至4 000万欧元。

(五)健全的管理机构

德国联邦经济部主管德国的对外经济事务,旨在促进双边经济关系发展,保护本国企业在境外的投资活动,同时还代表政府与外国签订投资保护协定,定期与外国相关经贸事务主管机构进行对话等,与有关国家共同组建经济混合委员会和合作委员会,促进双边商品往来,加强相互投资等经济关系以及扩大技术转让。通过举办各种形式的活动促进本国企业,尤其是中小企业走向国外市场。当本国企业在外国实施项目过程中遇到困难时,联邦经济部会为其提供政治援助。这种援助可以贯穿项目实施的所有阶段,如国际招标、项目执行、国外设备运转或者是处理尚未解决的遗留问题等。此外,经济部专门设立了"政治援助咨询处"。该咨询处与驻外机构密切合作,采取一系列促进对外经济的常规措施,为中小企业提供援助。

在风险管理方面,为了保护本国企业在出口和对外直接投资过程中遭遇各种政治风险时免受损失，或最大程度降低损失，德国政府成立了"部际联合委员会(IMA)"。

IMA是由德国联邦经济与技术部(BMWi)组织成立的，主要成员包括联邦财政部(BMF)、外交部(AA)、联邦经济合作与发展部(BMZ)，还有普华永道德国审计公司和裕利安宜信用保险公司，以及来自对外经济领域和银行界（包括德国复兴信贷银行进出口分行（KfW IPEX Bank）、AKA出口信贷有限公司）和联邦审计署(Bundesrechnungshof)的专家代表。IMA负责出口信用保险和投资担保的审批工作，同时授权PwC和Euler Hermes，作为执行机构共同处理联邦政府的出口信用保险和对外投资担保的具体事宜，一般每隔6~8周召开一次会议，在协商一致的基础上通过审批决定。

参考文献

[1] 谭恒.国际工程承包市场分析及对策.技术与创新管理,2008.

[2] 阎文周.国际承包市场前景与我国承包企业应对措施.建筑经济,2008(2).

[3] 黎平.国际工程承包市场行业结构及其发展趋势比较分析.建筑经济,2008(2).

[4] 中华人民共和国驻德意志联邦共和国大使馆经济商务参赞处.德国对外投资情况和保护促进措施,[2008-11-17].
http://de.mofcom.gov.cn/aarticle/ztdy/200812/20081205947829.html?4008745989=642956851.

[5] 中华人民共和国驻德意志联邦共和国大使馆经济商务参赞处.德国对外贸易和对外投资风险管理,[2008-11-05].
http://de.mofcom.gov.cn/aarticle/ztdy/200811/20081105910553.html?2214042629=642956851.

[6] 中华人民共和国驻德意志联邦共和国大使馆经济商务参赞处.德国对外承包工程领域法律、管理制度,[2006-03-06].
http://de.mofcom.gov.cn/aarticle/ztdy/200603/20060301771948.html?3287718917=642956851.

我国加快工程建设项目信息公开诚信体系建设

日前,工业和信息化部组织召开推进工程建设项目信息公开和诚信体系建设工作协调小组第一次会议,围绕《推进建设项目信息公开和诚信体系建设工作指导意见》进行了深入讨论。

按照《工程建设领域突出问题专项治理工作实施方案》的部署,工程建设项目信息公开和诚信体系建设工作由工业和信息化部牵头,中央治理工程建设领域突出问题工作领导小组办公室、中央宣传部、最高人民检察院、国家发改委、监察部、住房和城乡建设部、交通运输部、铁道部、水利部、商务部、人民银行、工商总局、国务院法制办等部门参与该项工作。

工业和信息化部副部长、工程建设项目信息公开与诚信体系建设工作协调小组组长苗圩指出,推进建设项目信息公开和诚信体系建设是工程建设领域突出问题专项治理工作的重要内容,是贯彻落实《政府信息公开条例》、推动政务公开的重要举措,是社会信用体系建设的重要组成部分。要重点解决工程建设信息不公开、不规范,市场准入和退出机制不健全,工程建设领域信用缺失等突出问题,逐步建立全国统一的工程建设诚信信息平台。

(翟 一)

韩国政府对外工程承包指导政策评析

燕琼孜

(北京对外经济贸易大学，北京 100024)

引 言

韩国的对外承包工程始于 20 世纪 60 年代，经过近半个世纪的竞争与发展，目前韩国的海外承包工程对象国和地区已达 97 个，从业企业 362 家。韩国国土海洋部数据显示，韩建筑企业 2008 年海外建筑工程承包额达 476 亿美元，刷新了前一年 398 亿美元的纪录，再创历史新高。其中，以韩国在中东地区的承包工程最多，达 272 亿美元；其次为亚洲其他地区，为 147 亿美元。从国别情况看，韩国在科威特承揽的工程最多，达 75 亿美元，顺次为阿联酋、卡塔尔、沙特阿拉伯、新加坡。

一、韩国政府的指导政策

韩国海外承包工程由韩国建设交通部主管，主要依据《海外建设促进法》进行管理、指导和服务，具体通过"海外建设协会"实施。韩国海外建设协会成立于 1976 年 11 月 3 日，下设企划管理室、电算信息室、地区情报室和成套订单支援中心、中小企业订单支援中心等部门。主要业务包括对海外工程资料进行收集和分析、对海外建设业有关制度进行研究并提出政策建议、增进民间国际交流合作、对海外建设业从业人员进行教育培训、对会员企业进行宣传并出版专刊、出具对外承包工程所需证明等。

（一）**资金支持**。对韩国企业的海外承包项目进行支持的政策性银行是韩国进出口银行，它主要支持的对象是投资收益较好、未来成长性强的中小企业和大企业的海外分公司。2007 年，韩国一举将进出口银行的资本金扩充至 3.9 万亿韩元，用以提高银行信任度、增强企业金融支持力度。2005 年韩国中小企业的贷款金额从 2001 年的 1.3 万亿韩元猛增至 3.7 万亿韩元。承包海外工程的中小企业购买国内建筑材料时，银行向其提供合同金额 15% 的贷款。如遇东道国需要韩企出示出资证明书时，在进出口银行的海外办事机构就可以办理该业务，而无须回到母国。这些政策为韩国中小企业的海外发展提供了较大的便利和支持。除此之外，韩国政府为了鼓励企业向海外拓展，设立了专项基金为特殊行业的企业融资。如，对外经济协力基金的海外投融资资金，主要用于援助在第三世界国家投资的资源开发型、回收时间长的项目，年利率较低，为 5%～6%，偿还期较长，10～15 年左右等额偿还；大韩矿业振兴公社的海外资源开发基金，用于在海外开发韩国经济所需要的各种矿产资源项目；韩国石油开发公社的石油开发基金，用于在海外开发石油、天然气；山林开发基金用于支持海外造林项目。①

（二）**税收优惠**。韩国政府为鼓励企业"走出去"采取了各种财政、税收和其他支持政策，对于海外企业主要采用的税收政策是国外纳税额抵减国内纳税额。企业可以将在外国投资项目中产生的税额用来抵减该企业在国内营业的税额。韩国通过海外投资项目和出口的机械和设备，原材料和中间产品的全额退款或更高的退税率，鼓励投资，实物、技术投资或投资回报要纳税申报减免。韩国税法规定，为海外企业提供的投资储备基金允许税前扣除。韩国与多个国家签署了《投资保护协定》和《防止双重课税协定》，与韩签有避免双重征税协定的国家对在该国投资的韩资企业减免征收所得税和法人税并给予其与东道国企业同等的待遇，韩国税务部门将该减免部分视同为已征税额并在纳税税基中等额扣除。这些政策和措施极大地鼓舞企业海外投资的热情。

（三）**信息服务**。韩国政府积极实施"电子韩国"(E-Korea)战略，极大地推进了信息服务业的发展。韩国对企业海外投资的特点有四点，分别是主体多样化、内容全面客观、信息网络系统发达和发布渠道畅宽。政府部门自身向企业提供对外投资的咨询服务，并组建各种非赢利政府组织专门为企业提供信息服务，另外利用大企业在海外设有办事处、分公司的信息优势向中小企业提供信息。这样，一个政府-非赢利组织-大企业-中小企业的信息网络就建立起来了，实践证明，这套体系为海外工程承包企业，尤其是中小企业解决了不少获取最新信息的困难。韩国不仅提供本国企业海外投资东道国当地市场和经济社会环境，还专门针对单个企业提供信息服务。韩国政府于1962年成立了大韩贸易振兴公社，1995年大韩贸易振兴公社更名为大韩贸易投资振兴公社(简称KOTRA)。KOTRA是一个非赢利性的政府组织，是韩国对外贸易投资的促进机构，企业可以就海外投资策略、投资环境等事宜咨询KOTRA或委托其进行调查。除了政府机构提供信息，韩国大大小小的民间信息机构大约有上百家，其中较大的有韩国贸易协会、大韩商工会议所等，它们在企业信息支持方面也发挥着举足轻重的作用。

（四）**管理完善**。为了加强海外企业的管理，韩国在经济企划院内设立海外事业调整委员会，以解决韩国海外投资中存在的问题，审议和调整韩国的海外投资政策。韩国有关机构还制定了世界级水平的建设产业制度，提高中小企业竞争力。改善招标、合同制度，制定建设业统合方案；开发成套设备产业管理标准模式及标准设备技术；开发并普及风险管理系统。②

（五）**资金导向**。韩国政府采取一系列的方法引导国内资金投入对外工程承包领域。例如，放宽对企业海外投资的限制，允许金融机构购买外国股票和债券；引导国内有关闲散资金，如发行进出口金额债券及利益分红债券。

（六）**控制风险**。韩国进出口银行除了资金支持以外，利用自身信息获取途径较多的优势，同时还向这些公司提供海外市场情况等咨询服务，降低韩国企业海外投资的风险。在开发能源、开拓工程承包市场方面有海外业务的韩国企业还可以向政府筹资组建的出口保险公社申请海外投资保险。

二、韩国海外工程承包的特征及发展现状

（一）**承揽工种从结构单一向多方面发展转变**

总体而言，从2002年开始，韩国承包的海外工程以成套设备为主，但占整体承包额比重基本呈现出稳中有降的趋势（表1）。就2007年来说，成套设备所占比重比起2006年进一步下降，只占总承包额的60%；与此同时，土木、建筑等领域迎头赶上，订单量

---

①中国驻大韩民国大使馆经济商务参赞处. 韩国海外投资及承包工程管理体制及做法,[2007-01-15].http://kr.mofcom.gov.cn/aarticle/ztdy/200702/20070204387898.html?3200887813=1079164467.
②韩国开展对外承包工程工作的政策、做法及现状,[2007-02-15].商务部网站 http://ccn.mofcom.gov.cn/spbg/show.php?id=5256.

海外巡览

韩国对外承包工程情况（按行业划分）（千美元） 表1

年度	2001年	2002年	2003年	2004年	2005年	2006年1月1日至11月10日	合计
土木	55 371 869	538 877	401 770	806 126	835 613	1 407 570	59 361 825
建筑	64 798 352	604 598	531 718	873 619	1 226 058	2 493 098	70 527 443
成套设备	40 600 976	4 826 358	2 491 472	5 181 918	8 262 875	9 121 145	70 484 744
电机	3 888 194	128 474	191 936	544 705	374 133	335 183	5 462 625
通信	1 985 340	8 019	7 682	2 613	13 296	1 859	2 018 809
劳务	1 429 906	19 568	43 178	89 332	147 301	88 070	1 817 355
成套设备占总数百分比	24.16%	78.79%	67.93%	69.11%	76.09%	67.83%	33.61%
总计	168 074 637	6 125 894	3 667 756	7 498 313	10 859 276	13 446 925	209 672 801

数据来源："韩国海外建设协会"，下同。

均超过60亿美元，比2006年增长2~3倍，表现出较强的发展潜力。电机工程承包发展稳定，而且对外承包工程的技术集中度不断提高。相比之下，劳务输出虽然主要受国内经济发展和国内劳动力需求的影响，但是从数据上表现出越来越多务工人员愿意走出国门的趋势。

（二）针对不同国家和地区制定不同的海外承包工程战略

韩国海外工程区域分布广泛，截至2008年年底，韩国海外承包工程对象国和地区已多达97个。韩国将全世界划分为中东和北非、东南亚和中国、西南亚、俄罗斯和独联体、中南美等五大地区，制定不同战略，其中中东和亚洲为韩承包重点地区。举例来说，在中东地区，以沙特阿拉伯、科威特、伊朗为例，韩资企业一直保持优势（表2、表3），原因在于充分利用了当地资源丰富的特点，大量增加石油、天然气和煤气的成套设备工程订单。2006年韩国对外承包工程金额列前十位的国家中，中东国家的工程承包数量占到了25.7%，工程累计金额总数占比超过了80%；对于劳动力廉价、生产环境较好的非洲和南亚市场（如尼日利亚、菲律宾），主要是以中小企业投资为主，投资项目以大规模基建工程项目为主。对于中国这样的新兴市场，韩企将目光不局限于大型城市，而是深入开发成长性强的中小城市。相比起大城市，迅速发展的中小城市带来的工程合同更多，工程承包企业也从中得一杯羹，仅在2006年，韩国在中国的海外工程承包数量就达到了43件，超过了其他任何一个国家，但是工程金额远远低于中东地区的国家，说明韩企在中国仍有很强的发展潜力；在太平洋和北美市场，从2002年起，韩国对外承包工程金额增长迅猛，这与韩国海外

韩国对外承包工程情况（按地区划分）（千美元） 表2

年度	2001年	2002年	2003年	2004年	2005年	2006年1月1日至11月10日	合计
中东	99 681 374	3 110 639	2 275 638	3 570 999	6 445 092	8 258 335	123 324 077
亚洲	54 319 115	2 275 175	1 169 019	2 275 179	2 611 327	3 008 904	65 658 773
太平洋、北美	4 475 070	9	81 020	96 021	155 681	348 197	5 155 998
欧洲	4 057 677	16 515	110 325	804 839	174 847	474 876	5 639 079
非洲	2 504 797	720 376	48 941	711 930	1 274 747	1 281 686	6 542 477
中南美	3 036 604	3 180	813	39 345	197 582	74 873	3 352 397
总计	168 074 637	6 125 894	3 667 756	7 498 313	10 859 276	13 446 925	209 672 801

注：均为合同金额

2006年韩国对外承包工程金额列前十位的国家（千美元、件） 表3

排名	国家	工程件数	工程金额	累计件数	累件金额
1	沙特阿拉伯	21	3 321 597	1 433	57 349 966
2	科威特	4	1 888 764	173	9 985 142
3	阿曼	2	1 183 731	13	1 963 931
4	越南	31	1 136 168	283	3 333 418
5	尼日利亚	5	1 078 085	64	4 805 158
6	卡塔尔	3	793 292	58	3 734 243
7	菲律宾	11	563 741	211	3 962 060
8	伊朗	1	394 529	79	8 955 833
9	美国	20	347 601	154	3 362 455
10	阿联酋	7	309 347	96	5 617 956
11	中国	43	307 056	279	6 273 154

注：金额为1965年12月1日至2006年11月10日的累计值，下同。

工程承包企业技术水平提高、政府资金支持、信息技术广泛应用是紧密相关的。

（三）管理方式和促进措施多样

政府制定拓展海外工程承包市场的政策、措施和中长期及当年开拓海外工程承包市场的总体计划。企业每年末都要向有关部门上报承包订单、签约情况和工程进展情况。行业协会组织专人对施工项目、技术进行测评，并对大型项目跟踪调查，处罚违反有关法律法规的企业。2009年1月22日，韩国国土海洋部（MLTM）发布"韩国建筑机械安全标准"法规草案公告。在韩国建筑机械安全标准（KCMSS）中作出八项修订，内容涉及大型机械、机械零部件、施工过程对于环境的污染标准等。

为了促进海外企业的工程承包工作，韩国政府先后制订、出台了"扩大参与海外成套设备、建设、信息等社会基础设施建设方案"和"中长期海外建设振兴计划"。"扩大参与海外成套设备、建设、信息等社会基础设施建设方案"是韩国政府于2004年12月14日出台的，旨在应对油价上升带来的产油国对有关领域需求的增加、环境等高附加值领域订单的增加等海外建设市场的变化。"中长期海外建设振兴计划"提出了2005~2009年韩国对外承包工程工作五年发展规划，提出至2009年对外工程承包额超过140亿美元、世界市场占有率达4%以上的发展目标。①

海外建设协会向企业提供海外建设工程包括国别（城市）市场进入环境、工程项目、工程材料价格、工程技术等全方位信息咨询和商谈服务，以及提供海外工程所需各种证明、资料等各类行政服务。另外，协会对会员企业和海外相关工程人员进行专门教育培训，举行海外工程国际研讨会，交流信息和经验。许多大企业都是海外建设协会的会员，如韩国现代建设、现代重工、大宇建设、SK建设等代表性建设企业。

参考文献

[1] 宓红.韩国对企业海外投资的信息服务及启示.跨国投资，2007(7).

[2] 文珍祥，宋丰军.韩国加速发展对外工程承包业.经营管理者，1997(6).

[3] 中国驻大韩民国大使馆经济商务参赞处.韩国海外投资及承包工程管理体制及做法，[2007-01-15]. http://kr.mofcom.gov.cn/aarticle/ztdy/200702/20070204387898.html?3200887813=1079164467.

[4] 韩国开展对外承包工程工作的政策、做法及现状，[2007-02-15].] 商务部网站 http://ccn.mofcom.gov.cn/spbg/show.php?id=5256.

---

① 韩国开展对外承包工程工作的政策、做法及现状，[2007-02-15]商务部网站 http://ccn.mofcom.gov.cn/spbg/show.php?id=5256.

项目计划管理快速入门及项目管理软件 MS Project 实战运用（五）

◆ 马睿炫

(阿克工程公司，北京 100007)

1 资源的平衡

资源分配结束之后，必须查看一下资源分配是否合理，有无过度分配或资源多余的情况，尤其是人力资源的分配，如果人员安排过分集中或过分零散，就会影响人力资源的合理利用，违反了计划管理的初衷。对此，我们就应该对资源的分配作出合理的调整，具体步骤如下：

(1)通过资源图表查看资源的使用情况。

a. 在菜单栏选择 View(视图)命令，待子菜单弹出，选择 Resource Sheet(资源清单)子命令，回到资源库。

b. 此时我们发现，木工、钢筋工的字体及相关内容全部变成了红色，意味着这两个工种被过度分配了。点击选择木工所在行。

c. 在菜单栏选择 View(视图)命令，待子菜单弹出，选择 Resource Graph(资源图表)子命令，弹出一柱状图。

d. 通过点击下方的滑条箭头，找到对应时间段的柱状图，我们发现柱状条分为红、蓝两色，再看左边的注解：红色代表 Over-allocated(过度分配)，蓝色代表 Allocated(分配)，原来木工被过度分配了。再看右边红色的柱状条，顶部对应的数字为16，下面对应数字10有一个黑色横道，意思是本项目一共只有10名木工，但被过度分配至16名，需要调整。

e. 拨动鼠标中间的滑轮以查看其他资源的分配情况，我们发现钢筋工也有以上过度分配的问题，从9月9号到10月2日，有11天每天分配12名钢筋工，但整个项目只有8名。

f. 由于图表的时间刻度是以天为单位，看起来时间跨度不够，我们可以将其调整为以周为单位：将光标移至时间刻度表处，双击左键，按照上面曾经说过的方法，将中层刻度调整为月，底层刻度调整为周，调整后的图表详见图5-5。

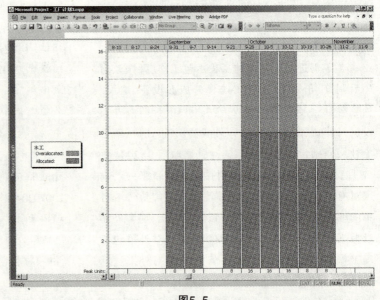

图5-5

g. 从图 5-5 中我们可以看到，木工工作从 8 月 31 日开始至 11 月 2 日结束，一共工作 8 周，出现赤字的是 9 月 28 日至 10 月 12 日三周，也就是说在这三周里，项目每天需要 16 个木工，但整个项目只能提供 10 名木工。怎么办？解决之道有二：

增加人员，比如再加 4 名木工，这样木工的总人员达到 14 人，剩下两名的缺额靠加班加点弥补。比如将 8 小时工作日改为 10 小时，14 人则增加 28 个工时，完全可以弥补两人一天共 2×8=16 的人工时。

合理调配劳动力的使用，尽量形成流水作业。现在让我们回到主界面 Gantt Chart（甘特图）。我们看到在基础施工中，A-B 轴基础为关键线路，而 C-D 轴基础为非关键线路。在这两项基础施工中都得使用木工，当然我们首先要保证 A-B 轴基础施工，因为它们是关键线路，而作为非关键线路的 C-D 轴基础完全可以排在后面，没有必要和关键线路在同一时间段内施工，与之争抢木工，完全可以等待关键线路的木工工作完成后再接着开始非关键线路的木工工作，从而形成科学的流水作业，这一过程我们称之为 Level Resource（平衡资源）。具体做法如下：

● 在菜单栏选择（Tool）命令，弹出子菜单后，选择 Level Resources（平衡资源）子命令，弹出对话框，如图 5-6 所示。

● 在对话框上部，有两个点击选项：一个是 Automatic（自动），另一个是 Manual（手动），软件默认后者，我们也可用手动方法进行资源平衡。

● 再往下，中部和下部分别都有很多设置，我们一律接受软件默认设置，然后点击最下面的一个按钮 Level Now（现在就平衡）。

● 我们看到，非关键线路 C-D 轴基础所属的几项工序都往后推了，总时差（Total Slack）也由 15 天变成了 6 天，也就是说通过重新安排非关键工序的开始时间，有 9 天总时差被吃掉了，但这是值得的，因为木工得到合理安排，短时间内人力短缺的问题被克服了。

● 现在我们又回到资源清单界面，我们发现木工的柱状条全变成了蓝色，最高峰使用人数是 8 天，但木工工作的持续时间由 8 周延长至 10 周。这是一个非常合理的人力安排，对工厂总计划没有丝毫不利的影响。

● 在资源清单界面内，拨动鼠标中间的滑轮以查看其他资源的分配情况，我们会发现原本红色的钢筋工的柱状条也变成了蓝色，也就是说通过此次资源平衡，过度分配的钢筋工也得到了合理的安排。

● 以上我们说的是手动平衡资源，如果我们在资源平衡对话框中点击选择 Automatic（自动），那就意味着今后只要我们在分配资源时出现过度分配的情况时，该功能会自动启用，立即进行资源平衡，很显然这种设定过于机械，我们还是使用手动的方法，让我们的资源平衡变得更灵活些。

(2)通过资源图表查看资源汇总状况。

以上所谈，都是针对个别资源，但有时我们需要将所有资源汇总起来，看看整个资源的使用情况。比如整个项目人力资源的使用情况，最高峰时会出现在什么时候，会达到多少人，这也是人力资源管理必须获悉的信息。具体做法如下：

a. 在主菜单栏选择 View（视图）命令，弹出子菜单，选择 Resource Graph（资源图表）子命令，切换至资源图表界面。

b. 在图中任一处双击鼠标左键，弹出一对话框，详见图 5-7。

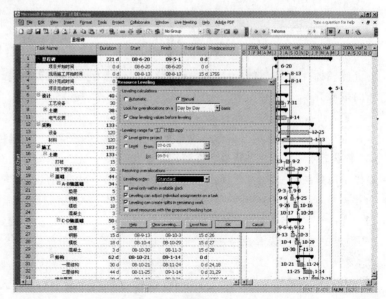

图 5-6

c. 对话框左边部分，写的是Filtered Resources（过滤选择的资源），在此因为我们并没有对资源进行过滤分类，因此它指的是所有的资源。

d. 再看下面一行字是 Over-allocated Resources（过度分配的资源），再往下一行，写的是 Show as（显示为）：对应框内，默认写的是：Don't Show（不显示），我们应该点击此下拉菜单，选择 Line（线条），意思是让它以线条的方式显示。

e. 再往下，为 Color（颜色），默认为红色，不改变此设置。

f. 再往下，为 Pattern（线条图案）设置，保持不变。

g. 再往下，是 Allocated Resources（分配的资源）内容，此处自然也指的是所有分配的资源，我们也是在 Show as（显示为）框内点击下拉菜单，选择 Line（线条）。

h. 再往下，是 Proposed Booking（建议登记）内容，保持设置不变。

i. 左下角有两个复选框，分别是 Show value（显示数值）和 Show availability line（显示可用数量线），MS Project 已经默认选择，在此不作修改。

j. 再看右边部分，最上一行字为 Resource（资源），意思是指当前选中的资源，我们看最右边的标注，这里指的是木工。

k. 右边再往下，对应着左边，内容完全一样，只是最下面还有一项选择框 Bar overlap（柱状条重叠），意思是代表所有资源的柱状条和单个资源条在同一时间段内是否重叠显示，选择 0 为并列显示，选择 100% 为完全重叠显示，我们可以通过选择 0~100 之间的数字进行调整。

l. 当以上所有设置做完之后，点击 OK，产生如图5-8所示界面。

从图 5-8 中我们可以看到，红色的线和柱状图没有出现，因为通过前面所讲的资源平衡，过度分配

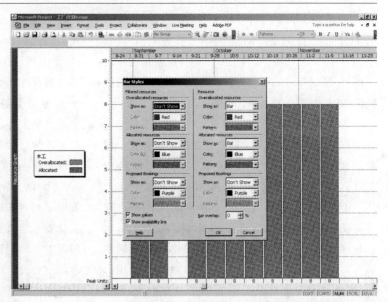

图5-7

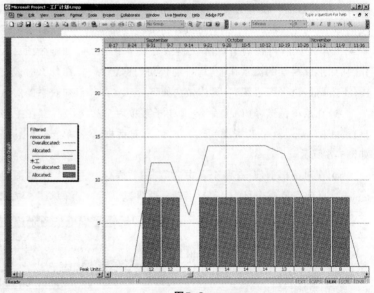

图5-8

的问题已经消除。蓝色的柱状条代表木工分配使用的情况，而蓝色的线条则是所有资源计划使用的情况（主要是人员和机具），对应下部 X 轴，标注着 Peak Units（高峰数量）的数值。从图中可以看出，从 9 月 26 日那周到 10 月 15 日为资源使用最高峰，达到 14 个单位。此处单位对人是个数，对设备则是台数。这里仅仅是示意图，在实际的运用过程中，高峰期的数字往往是成百上千的。

(3) 分类显示资源的分配情况。

上面所讲的是显示全部资源和个别资源分配的

情况,但大多数的情况下,我们主要还是想看看人力资源的分配情况,以便为整个项目的劳动力的安排提供可靠的数字依据。因此我们要利用过滤选择资源的功能达成这一目的,具体做法如下:

a.在主菜单栏选择View(视图)命令,弹出子菜单,选择Resource Graph(资源图表)子命令,切换至资源图表界面。

b. 在主菜单栏选择 Project (项目)命令,弹出子菜单,选择 Filter for: All Resources(为所有资源过滤)子命令,再弹出下一级菜单,选择Group(组),弹出一小对话框。

c.在对话框内 Group Name(组名)栏内填入"L",因为上面我们曾将人力资源分组编码定为"L"。

d.点击 OK,此时所显示的资源图表就仅是人力资源的计划使用图表了,不再包括机具和材料。当然如果我们分别使用机具分组编码"Q"或材料分组编码"M",同样也可以分别显示机具使用汇总图表或材料使用汇总图表。

(4)使用表格显示资源的分配情况。

以上讲的都是用图表的方式来反映出资源的计划使用状况,特点是图形直观、形象,容易理解。但不够详细,下面我们使用一种更详细的方法来看看各种资源的具体使用状况。具体方法如下:

a.在主菜单栏选择 View(视图)命令,弹出子菜单,选择 Resource Usage(资源使用)子命令,切换至资源使用界面,详见图5-9。

b.图中第二栏为 Resources Name(资源名称),从上到下,依次列出各资源所在工序的名称,旁边栏即第三栏 Work(工时)即为具体数字,包括汇总数。再往右,是各个资源在计划时间段里所分配的人工时,具体计算公式是:某工序工时=分配的人工数×8hrs(小时)×工序工期。如某工序施工垫层一共5d,分配4个木工,则该工序所用木工总工时为:4×8×5=160hrs(小时)。平均每天为32hrs(小时)。

从图5-9可以看出,各项资源在每道工序和每天的使用状况都清楚地显示出来,这为我们利用人

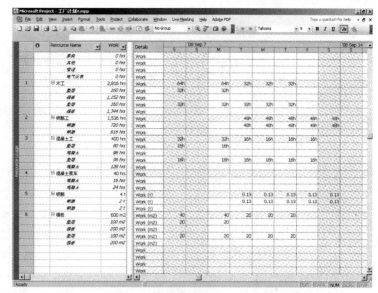

图5-9

工时进行更深层次的分析创造了必要的条件,比如未来赢得值的分析,以及利用S曲线进行进度分析等,可以说没有人工时的计算,就没有更高级的进度统计分析。

(5)利用更多的表格查看计划不同的界面。

在主菜单栏选择View(视图)命令,弹出子菜单,选择Table:Entry(表格:输入)子命令,会弹出下一级的子菜单,这里列出很多表格名称以供你选择查看。比如Cost(费用)表格,就可以用来查看整个项目的费用使用情况。在最下面的一行,更有More tables(更多表格)供你挑选使用,大家不妨逐一试试。

通过以上论述,资源管理部分基本上介绍完毕。由于它是计划管理一项重要的组成部分,因此可以说掌握了这一部分的主要内容,那么你的计划管理水平就达到了中级水平,为下一步更高级的计划管理奠定了基础。

说到这里,我们可以给出一个小结了,计划的制订一共有四个步骤,分别是:

工作内容的确定;

输入工期;

建立各个任务间的逻辑关系;

计划的优化。

为了让计划更加全面、深入,我们又加入了资源管理一节,到此,一个专业、全面、完善的计划就此建立起来,余下的工作就是计划的实施和控制了。

我经历的改革

仲吉祥

信不信由你，美国公司也搞改革的。

憋了几个月，公司的改革终于公布了。原来由一个副总裁管的两个部门，变成了三个部门加上一个分公司。就连我们工作的内容也有了一些变化。

刚公布的时候，我觉得挺奇怪的——怎么越改越啰唆啊！但是听经理解释之后，倒觉得有一定道理。原来，公司是想拓展一些过去并不重视的业务。

但是，这种大的变动，自然会带来管理上的问题——各个新部门和人员之间的业务如何衔接？如何划分各自的分工？会不会出现有的事几个部门都管，有的事又没人管的情况？

今天下午，我们开了两个多小时的会，就是讨论这些事如何办。

20多年来，在中国、加拿大和美国公司工作，经历了许多次"改革"，感觉各国公司的文化很不同，值得作一个比较。

在中国的时候，改革就是个人利益的再分配。当然了，利益的各方都是打着"减员增效"的旗号的。当年我作为少壮派的一员，每次改革都是利益的获得者，或者至少没有什么损失。其实，在中石油，谁也损失不到哪去的。我在这个中国最大企业的机关工作了6年，年年搞改革。改革的结果是，机关的工作人员从我刚进入机关时候的不到1 000人，增加到了5 000多人。在6年后我离开那个机关的时候，突然发现，那个巨大的办公楼群里，到处是我不认识的人。在二级公司工作的朋友们对机关改革的评价是：过去是1 000个爷爷，现在是1 000个爷爷加上4 000个爹。

在机关工作的最后两年，我还是"机关改革领导小组"成员之一。说句公道话，这领导小组还是满负责任的。真的正经讨论规划各部门的职能，尽可能地优化机关工作流程，提高效率，减少麻烦。但是，所谓的"领导小组"其实既不领也不导。每次方案提交到局长老爷们的办公会上一折腾，局长甲切块猪头，局长乙切块肘子，局长丙喜欢下水……最后，剩下一堆猪骨头猪毛，没人管了。

加拿大公司的改革也挺有意思的。去过美国和加拿大的人都有体会，与美国人相对，加拿大人总是不紧不慢的。火上了房也要喝完咖啡再说。美国公司一个人干的活，加拿大公司至少要两个人干，甚至四个人干，而且还叫唤人不够用。唉……中国喊了几十年社会主义，到了加拿大我才知道啥叫社会主义了。几年前在一个加拿大公司工作，我和另几个人负责一个项目，因为合同出了问题，提前结束了。我们哥几个正商量以后怎么办，到哪找碗饭吃呢，总裁来电话了，安慰了我们哥几个之后，总裁告诉我们，我们整个团队移到另一个项目，与那个项目的团队合并。天啊，那……那个项目岂不是两倍的管理人员了吗？管他呢！老板给你饭不去吃，岂不是傻瓜？就这样，在那个项目工作了几年后，我实在觉得对不起每个月按期到账的工资了，就换到了现在的公司，一个美国石油公司。

加拿大的石油公司和中国的石油国企犯同样的毛病——越折腾人越多。有的时候真不明白，加拿大的公司就这么折腾，也没见几个黄的啊！其实，奥妙就在于，加拿大的公司人再多，也没多到没事干的程度。而且公司的文化也不允许扯淡捣乱。

中国的国企，其实大多数人起的作用要么是零，要么是负数。就是所谓的一个人干活，两个人看着，三个人捣乱。

曾经在两个美国公司工作过，虽然两个公司都有各自的缺点，但不得不承认，美国能成为全球的老大，不是随便说说就能做到的。美国公司的严谨、高效和廉洁，是其他国家的公司无法相比的。中国的国企与美国公司更是相差十万八千里，没什么可比的。

看三个国家公司的改革，挺有意思。下面的公式可能让各位看官更好地理解这三个国家的公司是怎么回事：

1代表一个人		
美国公司	加拿大公司	中国国企
改革前　1+1=2	0.5+0.5=1	1−1=0
改革后　1+1+1=3	1/3+1/3+1/3=1	1−1−1=−1

建造师风采

非洲建筑工地上的故事(六)
——工头"巴比"

大 凉

来到非洲工作，最难的就是希望有个非洲人来尽心来帮助你！每个非洲人除了为你工作，要遵守你的规章制度外，同时他们还要遵守他们的民族习俗，以他们的习惯方式来完成你的要求，所以你就必须要找到一个能够带领工人们做到这一点的人？

"巴比"这个我工地上的非洲人工头，认真负责地帮助我做了无数工作的朋友，就是我无意中在工人当中发现的。这是一次中午休息时间，工人们在工地的一块空地上踢球，我发觉，这里艰苦的工作环境并没有削弱工人们那股进取、顽强的体育运动态度，踢球技术很高，一招一式看着很舒服，尤其是非洲人身上的那种舞步般的协调动作，那种即兴发辉的表演欲望，使你欣赏起来觉得那时生活一切都是如此的美好。"巴比"这时向我走来，兴致勃勃地对我说，"也许巴不罗也喜欢和我们一起玩一会

儿？"说真的，当时操心劳累的精神状态已经使我变的似乎不懂得娱乐，经他这么一提醒，高兴劲来了我是满口答应。"巴比"怕把我摔着，叫我先当裁判员好不好？所有的工人都欢呼，我就这样拿起了黑哨，做了一回世界上从来没有过的裁判。在双方踢球当中，我竟然禁不起足球的诱惑，哨也不吹了，帮助一方踢起了足球。这下把场上场下的工人乐坏了，我记得我往前带球没人拦着我，大伙都笑的不跑了，有的人就干脆蹲在那儿乐了。这时"巴比"跑过来非常认真地对我说，"巴不罗，裁判不能踢球，只能看。"看着他那眼神把我也给逗得大笑起来，说实实在在的话，来非洲这么久，还没这么开心过。从那儿以后，我就和"巴比"交上了朋友，我请他做我的助理，负责管理非洲工人的事务。

"巴比"也是一个来自山区的青年，有着农民那种纯朴、憨厚的本质，好像全世界优秀的农民都享

有这种赞誉。他管起我这几十个工人很有难度，尤其是那些城里人根本就不服他。我们全力支持鼓励他，我俩一次又一次地解决了我碰到的问题，写到这我想念他，感谢他。

有一天早晨，我在工地靠河边的一个集装箱那儿，看见一个非洲人正用一把砍刀撬集装箱门上的锁，他想进里边偷东西。我冲着他就冲了过去，大叫巴比有人偷东西。这个贼一边拿着刀冲我比划，一边跑。我那时不顾一切地冲上去抓他。（说真的，现在想起来都后怕。）"巴比"跑来帮我了，拿着一根短钢筋，那个贼越跑越远了，我看"巴比"也不是真追，以他的能力肯定能抓到。"巴比"冲我又跑来了，忙着问我伤着没有？我没好气地对他说，"你跑错方向了，你应该再往那儿跑"他好象没听出我埋怨他的口气，看我没事就又去集装箱那儿。我此时突然感觉到"巴比"在我的心里一下变得特别渺小了，真是一个胆小鬼，肯定是怕那个人那把刀。到关键时刻还真是指望不上他，此时对他的心一下凉了很多。在我的工地附近有个中国青岛人，卖电器。有一天，几个非洲流氓冲进他的店，用砍刀架在他爱人的脖子上威胁他要钱，他自己的手腕上也被砍了一刀，鲜血直流。后来他和我聊天的时候提起这件事，对我说，如果当时不是他爱人处在那么危险的境地，他就会和那几个流氓拼了，辛辛苦苦赚的那点钱被他们就这样抢走，心里边真是不服！好象我们中国人都有这种豪气，而在"巴比"身上我是一点影子都没看见。

工地上有个短期试用的木工，这个人粗鲁不讲道理，经常看见他对别人喊来喊去的，这天我检查他铺的檐板，挑出来的沿边不齐，我叫他挂好线重铺，快下班了还是没铺好，我叫"巴比"来处理，因为很多事需要他们之间解决问题。也许是我伤了这个木工的自尊心了，因为在别人面前我说他工作能力不行。他对"巴比"也是大喊大叫一通发脾气，"巴比"对我说，他不想在这干了，说我要求的太严了，还说我刁难他。我还是象往常一样处理这些事，"巴比"把他的工作时间记录给我，截止当天我把他的工资付了就完事，在那儿的劳动法规定，工人试用期未满三个月的，按结束工作时间为止计算支付工资就行了，不涉及其他问题，假如超过三个月就另当别论了。

第二天上午，我到工地上检查工作。这时"巴比"神色慌张地冲我跑来，还有几个工人也跟着。一下整个工地都显得紧张起来。"巴比"冲着我说，那个木工叫来他的几个兄弟找你来算账。说真的，当时我是一点都不紧张，非洲虽然落后，但是从大面上还是讲法律的，他们有着一整套国家治理的规章制度，光天化日之下他们又能怎么样？那个木工和三四个穿着警察服装的人，其中一个手里还拿着长枪冲我过来了。我一看心里边还是真的一惊，如果真的发生了什么事我还是真的料想不到了，心里边顿时凄凉、孤独、可怕。工地上的工人都看着我呢，怎么也不能软，我迎着他们就过去了。这小子端着枪对着我，我心里边一股愤怒涌起，你们无非就是想吓唬我来讹诈钱，要是真的走火了怎么办？"巴比"一下窜了出来，把枪口推向别处，冲着他们大叫，说了很多当地的很多土语，我是从来没看见他发这么大的脾气。那几个人和他争来争去的吵来，我的另外一个水泥工"搅一搅"把我往后拉，我心里边明白他们都是帮助我呢，我就势就退了回来。过了一会"巴比"过来对我说，"一切都没事了，那个木工的兄弟是个警长，想过来吓唬我要些钱，我对他们说了，你们这样是犯法，而且这个中国人也不会怕你们，趁着他还没打电话告发你们，你们还是赶紧走吧，否则，你们的麻烦会很大"。听完这些话心里边一下踏实了，心里边满含着对"巴比"的感激心情，关键的时刻他还真行。

一个国家、一个民族的文化环境决定着他们自己的生活方式，"巴比"帮助我工作的同时也给了我对这个问题很好的诠释。